许尤佳育儿丛书

1000000 粉丝忠实热捧
人气育儿专家 最新力作

许尤佳
小儿秋季保健食谱

儿科主任
博士生导师

 著

SPM 南方出版传媒
广东科技出版社｜全国优秀出版社
·广州·

图书在版编目（CIP）数据

许尤佳：小儿秋季保健食谱 / 许尤佳著. — 广州：
广东科技出版社，2019.8
（许尤佳育儿丛书）
ISBN 978-7-5359-7189-0

Ⅰ.①许… Ⅱ.①许… Ⅲ.①儿童—保健—食谱
Ⅳ.①TS972.162

中国版本图书馆CIP数据核字(2019)第148197号
特别感谢林保翠为本书付出的努力

许尤佳：小儿秋季保健食谱 Xuyoujia:Xiao'er Qiuji Baojian Shipu

出 版 人：朱文清
策　　划：高　玲
特约编辑：黄　佳
责任编辑：高　玲　方　敏
装帧设计：
摄影摄像：深圳·弘艺文化 HONGYI CULTURE
责任校对：李云柯
责任印制：彭海波
出版发行：广东科技出版社
　　　　　（广州市环市东路水荫路11号　邮政编码：510075）
http://www.gdstp.com.cn
E-mail：gdkjyxb@gdstp.com.cn（营销）
E-mail：gdkjzbb@gdstp.com.cn（编务室）
经　　销：广东新华发行集团股份有限公司
印　　刷：广州市岭美文化科技有限公司
　　　　　（广州市荔湾区花地大道南海南工商贸易区A幢　　邮政编码：510385）
规　　格：889mm×1194mm　1/24　印张7　字数150千
版　　次：2019年8月第1版
　　　　　2019年8月第1次印刷
定　　价：49.80元

ABOUT THE AUTHOR
作者简介

儿科主任/博士生导师　许尤佳

- 1000000 妈妈信任的儿科医生
- "中国年度健康总评榜"受欢迎的在线名医
- 微信、门户网站著名儿科专家
- 获"羊城好医生"称号
- 广州中医药大学教学名师
- 全国老中医药专家学术经验继承人
- 国家食品药品监督管理局新药评定专家
- 中国中医药学会儿科分会常务理事
- 广东省中医药学会儿科专业委员会主任委员
- 广州中医药大学第二临床医学院儿科教研室主任
- 中医儿科学教授、博士生导师
- 主任医师、广东省中医院儿科主任

许尤佳教授是广东省中医院儿科学科带头人，长期从事中医儿科及中西医儿科的临床医疗、教学、科研工作，尤其在小儿哮喘、儿科杂病、儿童保健等领域有深入研究和独到体会。特别是其"儿为虚寒体"的理论，在中医儿科界独树一帜，对岭南儿科学，甚至全国儿科学的发展起到了带动作用。近年来对"升气壮阳法"进行了深入的研究，并运用此法对小儿哮喘、鼻炎、湿疹、汗证、遗尿等疾病进行诊治，体现出中医学"异病同治"的特点与优势，疗效显著。

先后发表学术论文30多篇，主编《中医儿科疾病证治》《专科专病中医临床诊治丛书——儿科专病临床诊治》《中西医结合儿科学》七年制教材及《儿童保健与食疗》等，参编《现代疑难病的中医治疗》《中西医结合临床诊疗规范》等。主持国家"十五"科技攻关子课题3项，国家级重点专科专项课题1项，国家级名老中医研究工作室1项等，参与其他科研课题20多项。获中华中医药科技二等奖2次，"康莱特杯"著作优秀奖，广东省教育厅科技进步二等奖及广州中医药大学科技一等奖、二等奖。

长年活跃在面向大众的育儿科普第一线，为广州中医药大学第二临床医学院（广东省中医院）儿科教研室制作的在线开放课程《中医儿科学》的负责人及主讲人，多次受邀参加人民网在线直播，深受家长们的喜爱和信赖。

　　俗语说"医者父母心"，行医之人，必以父母待儿女之
爱、之仁、之责任心，治其病，护其体。但说到底生病是一种
生理或心理或两者兼而有之的异常状态，医生除了要有"医者
仁心"之外，还要有精湛的技术和丰富的行医经验。而更难的
是，要把这些专业的理论基础和大量的临证经验整理、分类、
提取，让老百姓便捷地学习、运用，在日常生活中树立起自己
健康的第一道防线。婴幼儿乃至童年是整个人生的奠基时期，
防治疾病、强健体质尤为重要。

　　鉴于此，广东科技出版社和岭南名医、广东省中医院儿科
主任、中医儿科学教授许尤佳，共同打造了这套"许尤佳育
儿丛书"，包括《许尤佳：育儿课堂》《许尤佳：小儿过敏全
防护》《许尤佳：小儿常见病调养》《许尤佳：重建小儿免疫
力》《许尤佳：实用小儿推拿》《许尤佳：小儿春季保健食
谱》《许尤佳：小儿夏季保健食谱》《许尤佳：小儿秋季保健
食谱》《许尤佳：小儿冬季保健食谱》《许尤佳：小儿营养与
辅食》全十册，是许尤佳医生将30余年行医经验倾囊相授的精
心力作。

　　《育婴秘诀》中说："小儿无知，见物即爱，岂能节之？
节之者，父母也。父母不知，纵其所欲，如甜腻粑饼、瓜果生
冷之类，无不与之，任其无度，以致生疾。虽曰爱之，其实害

之。"0~6岁的小孩，身体正在发育，心智却还没有成熟，不知道什么对自己好、什么对自己不好，这时父母的喂养和调护就尤为重要。小儿为"少阳"之体，也就是脏腑娇嫩，形气未充，阳气如初燃之烛，波动不稳，易受病邪入侵，病后亦易于耗损，是为"寒"；但小儿脏气清灵、易趋康复，病后只要合理顾护，也比成年人康复得快。随着年龄的增加，身体发育成熟，阳气就能稳固，"寒"是假的寒，故为"虚寒"。

在小儿的这种体质特点下，家长对孩子的顾护要以"治未病"为上，未病先防，既病防变，瘥后防复。脾胃为人体气血生化之源，濡染全身，正所谓"脾胃壮实，四肢安宁"，同时脾胃也是病生之源，"脾胃虚衰，诸邪遂生"。脾主运化，即所谓的"消化"，而小儿"脾常不足"，通过合理的喂养和饮食，能使其健壮而不易得病；染病了，脾胃健而正气存，升气祛邪，病可速愈。许尤佳医生常言：养护小儿，无外乎从衣、食、住、行、情（情志）、医（合理用药）六个方面入手，唯饮食最应注重。倒不是说病了不用去看医生，而是要注重日常生活诸方面，并因"质"制宜地进行饮食上的配合，就能让孩子少生病、少受苦、健康快乐地成长，这才是爸爸妈妈们最深切的愿望，也是医者真正的"父母心"所在。

本丛书即从小儿体质特点出发，介绍小儿常见病的发病机制和防治方法，从日常生活诸方面顾护小儿，对其深度调养，尤以对各种疗效食材、对症食疗方的解读和运用为精华，父母参照实施，就可以在育儿之路上游刃有余。

目录 CONTENTS

Chapter 1 小儿秋季饮食调理

目录 CONTENTS

Chapter 2 营养、天然的秋季时令保健食谱

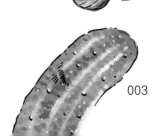

目 录　CONTENTS

Chapter 3　秋高气爽，小儿养肺要牢记

Chapter **1**

小儿秋季饮食调理

小儿秋季调养知识点

农历七月，夏末秋始。秋分之前，乃长夏之末，暑气未消，暑湿未退，虽然气温在早晚已经开始有些凉意，午后温度依旧较高有时甚至酷热难当。白露过后，气温明显转凉，雨水渐少，天气干燥，《礼记·胗》中说道："凉风至，白露降，寒蝉鸣"，《月令七十二候集解》也提到白露"……而气始寒也"。

秋主收，相比夏天的万物繁盛，冬天的万物凋零，秋天显得平和、收敛。这时，天地阳气趋向收敛，人体内的气机也开始了由盛至衰的转变，在孩子身上表现更为明显。这就意味着，入秋后，家长就要开始给孩子收敛阳气了。此时将阳气好好藏在孩子体内，入冬后孩子才有足够的阳气抵御寒冬和外邪，少生病才能为来年的生发积蓄能量。秋季孩子阳气敛藏得好，来年体质就会有比较大的改善。

秋主肺，秋日肺金当令，肺气盛。肺是"娇脏"，喜润恶燥，不耐寒热，容易被外邪入侵，尤其在秋季，更易为燥邪所伤。秋燥伤肺，孩子容易生病。

燥邪当前，润肺是首位。

中医认为，肺金克肝木，肺气太盛就容易伤肝。肝气受损，将会直接影响到脾，导致脾土郁滞。脾土受损，无法充旺肺金，也会反过来伤肺。因此，润肺的同时，要兼顾养肝。

秋天肺气盛，脾与肺的关系最为密切。"脾主运化津液，肺主通调水道。津液由脾上输于肺，再通过肺的宣散与肃降而布散至全身及下输膀胱。"意思就是说，脾负责把吃进去的食物变成营养，运化成身体需要的物质；肺负责疏通管道，让营养物质输送到全身各处或者排出。肺把管道疏通，防止内湿的形成，脾最怕内湿，所以要健脾，也不能忽视肺的调养。肺最怕干燥，而秋天的气候特别燥，所以这个时候，我们要想通过养护肺来达到健脾的效果，就不能一味地祛湿，同时也应润燥。

同样，如果脾失健运，水湿就不能气化，从而凝滞聚结成痰，把管道堵塞住。严重者，痰随气逆，犯肺而咳。这个时候，对于一些很容易咳嗽，咳起来就很难痊愈，甚至有哮喘的孩子，就不能只润肺化痰，也要重视对脾的运化功能，尤其在秋天。

⊙ 金秋防燥尤为重要

干燥是秋天最明显的气候特征。人们总觉得秋高气爽，气温不会过热或过寒，但是俗话说"秋老虎，毒如虎"，燥邪不可小觑。燥邪通常从孩子口鼻入侵，进而犯肺。"肺为呼吸之橐籥，位居最高，受脏腑上朝之清气，禀清肃之体，性主乎降；又为娇脏，不耐邪侵，凡'六淫之气'，一有所著，即能致病"（《临证指南医案》）。中医说的六淫之邪，都能侵袭肺系，令孩子生病。其中秋季最为常见的，就是燥邪。肺最怕干燥，金秋既有长夏的余热，又不时有明显的降温，燥气当令，燥邪最容易侵犯孩子，损耗津液。秋季孩子最易受干咳、皮肤和口鼻等问题的困扰，咳嗽在这个季节尤为典型。润燥，是防治肺系疾病的关键所在。

⊙ 秋燥，你了解多少

中医认为，秋燥分为温燥和凉燥。初秋的燥邪，往往因为还带有夏暑的余热，燥与温热结合，为温燥，表现为发热、头痛、干咳少痰、咽干口燥、小便量少、大便干结。到了深秋，又因临近冬天久晴无雨，天气变得又冷又干。燥与寒结合，称为凉燥，也称为寒燥。孩子凉燥发烧的症状不是很明显，但是怕冷少汗，鼻塞流涕、咽痒咳嗽、痰白而稀。

温燥和凉燥都是外燥。但到了深秋，大多数没有做好防燥措施的孩子，就会转为内燥。内燥是由于阴血津液耗伤出现的燥证。体内阴津血液不足，不能滋润濡养五脏，孩子就会出现各种各样的问题，最常见的就是口鼻干燥，比如早晚的干咳，咳嗽但是没有痰，或者说痰少而黏；大便干结，大肠失于濡润，糟粕内停而形成便秘；手足心热，没有津液的濡养，原本脾虚的孩子更容易阴虚火旺，手脚心都比较烫，实际上又没有发烧；容易"上火"，肺阴不足，燥自内生，往下就会灼伤肝肾，严重者还会燥热化火；睡觉流虚汗，虽然天气转凉，但是肺卫不固，固阳的能力下降，孩子睡觉的时候反而会流很多汗，进一步伤津，情况就会更严重了。

⊙ 早餐喝粥防秋燥

对付秋燥，家长要以补足水分为主，可以适当吃一些富含水分的水果，或者多饮用温开水、淡茶、豆浆、牛奶等饮品。避免或尽量少吃过咸、过甜或者烧烤类食品，以免引起津液进一步耗伤，徒生内热、内燥。

预防温燥，在饮食上以清热滋润为主，除滋阴润燥外，还需清泻肺热，可食用百合粥、银耳粥、莲藕排骨汤、银耳杏贝汤等，果蔬方面可多食梨、荸荠、莲藕汁等清热润肺食品。

预防凉燥，饮食方面要以祛寒滋润为主，除滋阴润燥外，还应适当补充蛋白质和热量。除梨粥、百合粥、银耳粥外，还可增加一些瘦肉粥类，如煮粥时加些瘦肉、皮蛋等。也可进

食栗子粥、莲子粥、龙眼肉粥、红枣粥等，并多食一些温性的蔬菜水果，如南瓜、杏、大枣等。

在这里，向家长们推荐一个防秋燥的好方法：早餐喝粥。喝粥，养胃益气，滋补津液。为什么建议早餐喝而不是晚餐或者午餐喝呢？明代的李梃说道："盖晨起食粥。推陈致新，利膈养胃，生津液，令人一日清爽，所补不小。"粥很好消化，早上空腹喝粥极易被吸收，也能很好地启动休息了一夜的脾胃。而大一些的宝宝日间只喝粥可能满足不了能量消耗的需求，同时也应考虑营养搭配的问题。所以让孩子喝粥防燥，最好是在早上。

用粥做早餐，小一些的宝宝喝米油、喝粥就基本能满足营养需要；大一些的孩子，可以搭配鸡蛋、馒头、番薯等一些高纤维食物，以免吃不饱。

米油：粥熬好后，表面会浮起一层细腻、黏稠、形如膏油的物质，中医称之为"米油"，俗称粥油，它具有很强的滋补作用，可以和参汤媲美，有"穷人的参汤"的美誉。能很好地补中益气、健脾和胃、补益肾精、益寿延年，还有养颜的功效。

专家推荐食疗方1

栗子山药粥

材料：大米50克，栗子30克，山药30克。

用法用量：将所有食材一起煲2小时，加少许盐调味后即可。

功效：益气补脾，补肾强筋。

专家推荐食疗方2

杏仁大米粥

材料：南杏仁10克，大米90克，黑芝麻15克，白糖30克。

用法用量：将所有食材用大火煮开，换小火熬煮至糜烂，放入白糖调味即可。

功效：养肺固肾，润燥润肠。

防秋燥，除了饮食调养外，也要注意室内环境的保湿。平时可以在屋里放一盆清水，保持室内的湿度。如果有加湿器就更好。与夏天开空调加湿不同，此时门窗打开，可以保持空气流通，空气质量会更好。但到夜间一定要记得关上窗户，避免寒气入侵。

⊙ 注意平衡润燥与避湿

有的家长会问：秋季天气干燥，还需要祛湿吗？

燥分内燥和外燥，湿气也有外湿和内湿之分。外湿，指影响体内水平衡的外部环境，如潮湿的气候。内湿，是一种病理产物，与脾也就是消化功能有关。内湿多由于食物在体内无法运化为津液，也不能通过膀胱、汗腺等排除，导致水湿内停，在体内形成阻滞。

秋季天气干燥，一般很少有外湿的情况。但是由于孩子"脾常不足"的体质特点，秋季饮食多寒凉清润，一方面润燥，另一方面又会助长湿

气；随着天气渐冷，饮食多肥甘厚腻，因此还是有不少孩子会受到内湿的困扰。内湿盛会损伤脾，脾不能很好地运化水湿，积而化热，孩子就会出现明显躁动不安的症状。

那么，家长要在什么时候选择清润的食物给孩子润燥，什么时候要避免清润的食物，以免助长孩子湿气呢？关键在于孩子的消化情况，并以此来作为调整饮食的参考。孩子湿气重的时候，就不能盲目润燥再给他们吃梨、柚子等寒凉的食物了。如何判断孩子是不是湿气重？家长可以通过舌苔、便便、胃口和精神来观察：

一看舌苔：舌苔又白又厚，甚至发黄，舌体上容易有牙齿的痕迹。

二看便便：大便稀溏、不成形，黏在便池上不容易被冲洗掉。

三看胃口：胃口不好，食欲不振。湿气重会影响脾胃的运行从而影响消化。如果孩子食量明显减少，没有食欲，很可能是体内有湿气。

四看精神：精神状态差，容易觉得困倦、无力。尤其是早上起床困难，睡不够，无精打采。

当孩子出现上述症状时，很明显是体内湿气重了，这时候要在饮食方面减少一些润燥助湿的食物。

若想减少体内的湿气，可以从减少食用容易生湿助湿的食物入手，也可以从祛除着手，通过食疗合理祛湿。

容易生湿的食物有以下两类：

1. 性味寒凉的食物

性味寒凉的食物大多有清热、滋阴的功效，但也多会助湿；同时，寒凉之物伤阳气，伤脾胃，也会加重湿气。

性味寒凉的水果：梨、香蕉、阳桃、甜橙、橘子、李子、柚子、枇杷、草莓、竹蔗、桑葚、柿子、西瓜等。

性味寒凉的蔬菜：菠菜、茭白、丝瓜、莴笋、白菜、蘑菇、茄子、黄瓜、竹笋、苦瓜、冬瓜、西洋菜、马齿苋等。

性味寒凉的海产品：田螺、海螺、螃蟹、蚬肉等。

2. 不好消化的食物

不好消化的食物容易导致积食，水谷精微无法被吸收，就会转化为湿滞。

不好消化的食物有：肥甘厚味的肉类；甜腻之物，如糖果、点心等。

对于小孩子来说，祛湿只有与健脾双管齐下，才能有较好的功效。一味靠外力祛湿，容易损伤阳气，也难以形成良性循环。可以选择一些性平，兼有健脾益气和祛湿功效的食物，如泥鳅、芡实、赤小豆等。

专家推荐食疗方1

健脾祛湿汤
材料：土茯苓15克，山药10克，五指毛桃15克，芡实10克。
做法：加少量瘦肉煲汤。
用法：3岁以上孩子食用，1周1次。消化好的时候服用。

专家推荐食疗方2

茯苓莲子甜粥
材料：大米100克，莲子30克，茯苓30克，红枣10克，红糖适量。
做法：先将红枣、莲子、茯苓、大米文火煮烂，再加红糖调味。
功效：健脾祛湿，益气补血。

⊙ 秋季养护重点：润肺、养肝、敛阳

《黄经内经》之《素问·四气调神大论》曰："秋三月，此谓容平。天气以急，地气以明。早卧早起，与鸡俱兴，使志安宁，以缓秋刑，收敛神气，使秋气平，无外其志，使肺气清。此秋气之应，养收之道也。逆之则伤肺，冬为飧泄，奉藏者少。"意思就是，秋天重在收敛和养肺。那么秋天养护孩子，我们也应遵从这个法则，简而言之，就是润肺、养肝、收敛阳气。

⊙ 饮食调整：注重润肺养肝

秋主肺金。孩子不仅脾常不足，肺亦常不足。肺主皮毛卫外，肺主管的是皮肤毛发，人体最外部抵御外邪的防护网。所以，一入秋，我们就要重视对孩子润肺防秋燥，孩子的肺强了，抵抗疾病的第一道防线就会坚固。

养肺润燥，最好的方法还是喝粥。粥能生津润燥，对于小一些的孩子，喝粥水、米汤也是比较好消化的。日常可以用有润燥功效的食材搭配一些平性食物煮粥煲汤。

推荐食材：花生、南杏仁、鹅肉、泥鳅、山药、芋头、银耳、白果、橄榄、百合、莲藕、海参、核桃、芡实等。可煮粥、煲汤，有些做成糖水也是很适合孩子的。

我们知道孩子肝常有余，所以在平时并不很强调对孩子肝的养护。但是到了秋季，情况就不同了。肺金过旺会克肝木，肺气太盛反而会抑制肝的功能。所以，肝在秋季是比较弱的。为防肺气太盛伤肝，还要注意增酸养肝。《素问·脏气法时论》也提到："肺主秋……肺收敛，急食酸以收之，用酸补之，辛泻之"。意思就是，酸味收敛肺气，辛味发散泻肺，秋天宜收不宜散，所以要尽量少辛多酸。这时候不要让孩子吃太多辛辣的食物，比如葱、姜、蒜等。让孩子吃一些酸味水果，就可以达到很好的养肝功效。

推荐水果：苹果、石榴、葡萄、杧果、阳桃、山楂、柠檬等。这些水果既能润燥又能养肝，性味又相对平和，很适合孩子。柠檬蜂蜜水（1岁以上适用），也特别适合在这个季节给孩子日常饮用。顺应季节变化做简单的食疗调整，就会有很好的功效。

专家推荐食疗方1

山药百合粥

材料：山药100克，百合50克，粳米100克。

做法：山药洗净去皮后切块，百合洗净分瓣，粳米淘洗干净；把山药、百合、粳米一同入锅，同煮至烂即可。

功效：健脾和胃，养心润肺。

专家推荐食疗方2

百合银耳莲子糖水

材料：干百合、莲子、银耳、冰糖各适量。

做法：干百合洗净，用清水浸泡至完全泡发；莲子取出莲心，洗净；银耳洗净，泡发，剪去根部深黄色的部分，撕成小份。把莲子放入锅中，煮至微软，放入百合、银耳，10分钟后，放入冰糖，煮至冰糖溶化即可。

功效：养阴润肺，养心安神。

⊙ 日常养护：帮孩子敛藏阳气

农历七月，《尔雅》称之为"相月"，意思是天气相助而万物长成。此时，阳气由夏长转为秋收，由升转为降。人体气血也一样，要开始为冬天和来年春夏的生长蓄积能量了。所以，秋天的一个关键字是"敛"，即要把阳气往回收，积蓄起来的意思。

收敛阳气，最好的方法就是睡。因此，秋天要让孩子养成早睡早起的习惯。"无病一夏三分虚"，经过一个夏季的炎热酷暑，阳气生发，孩子已经消耗了大量的体力和精力。这时候，就要让孩子慢慢安定下来，养成好的睡眠习惯。进入秋季，孩子秋乏，每天可让孩子多睡1小时，比如午睡延长半小时，早上晚起半小时。让孩子多睡一会儿，解秋乏，敛阳气。

收敛阳气，不可忽视调摄孩子的情志。秋天，天气转凉，大自然中生机也开始下降，人们很容易产生悲伤的情绪。孩子更为敏感，这个季节孩子很容易出现烦躁、易醒、夜啼等症状，所以入秋后，家长不要让孩子过于兴奋，对孩子的教育也要注意方法，注意跟孩子的沟通方式。

在阳光充沛、风力不大的天气，家

长可以带孩子外出1~2小时，但也不要让孩子玩得太过，避免大的情绪波动；提示孩子不要一边玩耍跑跳，一边大喊大叫，否则外邪容易从气道进入侵肺，孩子就容易生病。

另外，带孩子外出时家长应注意多带一件薄外套。我们讲"春捂秋冻"，春天不要过早脱衣，秋天不要过早加衣服。最好的办法就是备上一件薄外套，户外挡风，早晚防降温。特别是夜间带孩子外出、周末带孩子进行户外活动时，更要多带上一件衣服。

⊙ 秋季，不能忘了健脾

我在前文中告诉家长，入秋之后要给孩子润肺、养肝和敛阳。其中有一点，我不厌其烦地反复强调：健脾，健脾是贯穿孩子四季调护的重点，因此秋季调护也不能忘了健脾。

孩子最易感染呼吸系统和消化系统疾病，也就是肺系和脾系疾病。中医认为，孩子脾、肺常不足，而长夏主脾，秋主肺，这两个时期对孩子脾、肺的调护很关键。

关于秋季脾胃的调护，我觉得有几点需要家长特别注意：

（1）秋天先让脾胃休息。

日常要减少对孩子脾胃的伤害，包括孩子不吃饭时，总是哄喂、给孩子过度喝凉茶、动辄服用抗生素等等。这些都是常见的伤脾的做法，但也是很多家长不自知、很容易忽略的地方。

（2）坚持吃软、吃暖、吃温的饮食原则。

古代医家的养子十法中提出，孩子要吃软烂的东西，不能吃冷食，更不能吃寒食，只有这样，才能调护好孩子的脾胃和抵抗力。

秋天润燥的食材，绝大部分是偏寒凉的，要通过一些食材搭配，来中和其寒凉之气。另外，秋后天凉，就更不能给孩子吃冷食，冷饮了。

（3）根据孩子的消化情况，调整饮食量和次数。

孩子的脾胃情况，常常反映在消化状态方面，家长要学会判断孩子的消化情况，从而调整孩子当下的饮食量、次数等，而不是用机械的定时定量的方法。

孩子的脾胃调护好了，吃进去的食物更容易被消化、吸收和贮藏，体质自然也就强健了。

专家推荐食疗方1

番薯粥

材料：番薯，小米，大米。

做法：番薯洗净去皮，切成小块，小米、大米淘净，一同放入锅中，加清水适量，用大火烧沸后，转用文火煮至糜烂成粥。

专家推荐食疗方2

花生百合瘦肉粥

原料：花生50克，百合20克，猪瘦肉50克，白米100克。

做法：花生、白米同煮至熟，加入百合，猪瘦肉再熬20分钟即可。分次服用。

功效：健脾益肺。

⊙ 晒太阳是驱寒养阳最简单的办法

阳气来自太阳，晒太阳本身就是最好的温阳补阳方法。唐代著名医家孙思邈在《千金要方》中指出："凡天和暖无风之时，令母将儿于日中嬉戏，数见风日，则令血凝气刚，肌肉牢密，堪耐风寒，不致疾病。"这明确指出多晒太阳对防治小儿疾病、促进其生长发育的重要作用。

⊙ 晒太阳，最好是晒背

很多家长在带孩子晒太阳时，多是晒晒小脚丫、小脑袋。很多家长都知道刚出生的小宝宝晒太阳可以加速黄疸的消退，同时也会促进钙的吸收。孩子晒太阳，是最简单又有效的增强体质的方式，而最好的部位，是晒孩子的背部。

晒背，古时候叫负暄。就是背负着阳光的意思。《老老恒言》说："背日光而坐，列子谓'负日之暄'，脊梁得有微暖，能使遍体和畅。日为太阳之精，其光壮人阳气。"这直接指出，晒背能够补充人体阳气。

腹为阴，背为阳，背部分布的基本上是人体的阳经，很多经络和穴位都在后背，背部养好不但能提升阳气，还能使气血通畅。很多家长帮孩子搓背、捏背，以帮助身体的快速恢复、提高免疫力，主要原因就是背部布满了经络和要穴。现代医学证明，人的背部皮下蕴藏着大量的免疫细胞，通过晒太阳可以激活这些免疫细胞，达到疏通经络、流畅气血、调和脏腑、祛寒止痛的目的。

秋天是最适合孩子晒背的季节。成年人晒背，一般在三伏天或者三九天，即阳气或阴气最旺盛的时候。但是我认为，孩子晒背，秋天最适合。夏天晒太阳很容易中暑，冬天晒太阳，很容易着凉。春天通常乍暖还寒，孩子不适合过早脱去冬衣。只有秋天，秋高气爽，温度也很适宜，是给孩子晒背的最好时机。通过晒背，也可以将整个夏天堆积在体内的寒气祛除，能很好地温补阳气。

给孩子晒背的最佳时间段是早上九点至十点，下午四点至五点。这个时候气温最为适宜，阳光也不会太强烈。要注意的是，晒太阳时不可当风，如果风大或者天气降温，就不能让孩子在户外裸晒。通常晒太阳也不宜超过15分钟，让孩子趴着或者坐着，背部的衣服脱掉，迎着阳光即可。如果能晒到微微出汗效果更好。晒完记得给孩子喝一些温开水，补充水分。

除了晒背，也可以让孩子多参加一些户外活动，比如爬山、登高，既能让孩子接触大自然，适当地运动，还能让孩子沐浴阳光，使其阳气慢慢充盈。

⊙ 深秋如何"贴秋膘"

俗话说"补冬不如补霜降",民间更有"一年补透透,不如补霜降"的说法。进入秋季,天气越来越冷,阳气逐渐减弱,阴气逐渐强盛,这时就要开始为来年储存能量了。所以,到了秋天会有"贴秋膘"的说法,也就是我们所说的进补。

进入深秋,人的阳气就开始收敛,封藏在体内,不像夏天,阳气聚于体表而体内空虚。冬天,体内阳气充足,能推动和激发各个脏腑的活动,使夏季过后疲惫的各脏器得以调节和恢复,五脏六腑的能量反而更加充盈。所以家长会发现,天气一冷,孩子的食欲明显变好,这其实是因为脏腑的运作更加有动力,对"原料"的需求更大的缘故。此时进补,人体自然比较容易消化、吸收和藏纳。

给孩子进补,与成年人进补不太一样,给孩子进补要特别注意,补对了,能强身健体;盲目乱补,补错了,则会影响孩子的健康。因此,家长们一定要弄清楚,秋冬时节,孩子需要补什么、怎么补。

⊙ 孩子"贴秋膘",首选坚果

家长一般会认为"贴秋膘"就是吃肉吃鱼等高蛋白的食物,给身体积蓄能量,滋养阴气。但是孩子的体质特点与成年人不同,孩子脾常不足,吃太多大鱼大肉,很容易导致积食难消化,伤脾伤胃。

秋天是果实成熟的季节。"春吃芽,秋吃果"。除了时令水果,有几味坚果也特别适合立秋后给孩子多吃一些。这些坚果除了富含蛋白质、维生素、不饱和脂肪酸等营养物质,满足孩子生长发育的多种需求之外,还能滑肠润燥,益气敛阳。同时坚果的热量也较高,能助益孩子储备能量,又不受肥甘厚腻的积滞之扰。

1.花生

花生性平,味甘,入脾、肺经。可以醒脾和胃、润肺化痰、滋养调气、清咽止咳。花生米营养非常丰富,它的蛋白质和脂肪的含量比肉、蛋还高。易过敏的孩子,在消化情况好、体质较强的情况下,也可以试着少量吃一些。

2.核桃

核桃性温、味甘,入肾、肺、大

肠经。可补肾益气、健脑益智、温肺定喘、润肠通便。核桃仁含有丰富的营养素，并含有钙、磷、铁等多种微量元素和矿物质，以及胡萝卜素、核黄素等多种维生素，尤其富含维生素E。对于核桃能否健脑，众说纷纭，也有些科普文章说不能因为核桃长得像大脑就能健脑。但核桃补肾的效果很好，肾主骨生髓，肾气通于脑，通过对肾的滋养，就能起到健脑益智的作用。

3.杏仁

杏仁性温，味甘，入脾、肺二经，有独特的止咳、润肺、止喘的作用，是秋天的明星食材。给孩子食用南杏仁味道更好一些。杏仁富含蛋白质、脂肪、糖类、胡萝卜素、B族维生素、维生素C、维生素P以及钙、磷、铁等营养成分。其中胡萝卜素的含量在果品中仅次于杧果，甚至有人称之为"抗癌之果"。

4.板栗

板栗味甘，性温，入肾、脾、胃经，有养胃、健脾、补肾等功效。栗为肾之果，能益肾，肾主骨，肾气通于脑，所以板栗不仅对脾胃有益，对孩子的大脑发育和骨骼强健，都是非

常有帮助的。此外，板栗中不仅含有大量淀粉，而且含有丰富的蛋白质、脂肪、B族维生素等多种营养成分，热量也很高。

5.芝麻

芝麻味甘，性平，入肝、肾、大肠经。有补肝肾、滋五脏、益精血、润肠燥的功效。黑芝麻含有大量的脂肪和蛋白质，还有糖类、维生素A、维生素E、卵磷脂、钙、铁、铬等营养成分。

要注意的是，这些坚果都是偏温，所以给孩子吃的时候不可过量。核桃1天1~2个，板栗2~3颗，花生一次几颗，黑芝麻1小把即可。最好的方法是煮粥。煮粥不仅能减少一些温热之气，还能补益生津、养胃健脾。

另外，深秋时节，在饮食方面要注意多吃一些清润、温润的食物，如糯米。秋天上市的果蔬品种繁多，其中，藕、马蹄、甘蔗、秋梨、柑橘、山楂、苹果、葡萄、百合、银耳、柿子、蜂蜜等，都是此时给孩子调养的佳品。

专家推荐食疗方1

板栗山药粥

材料： 山药100克，大米50克，板栗8颗，红枣4颗。

做法： 板栗煮熟，剥皮，红枣洗净去核，山药去皮，洗净切块；大米煮开后，倒入板栗、红枣，小火炖半个小时；加入山药，小火煮20分钟左右即可。

功效： 健脾益肾，温阳补气。

专家推荐食疗方2

健脑核桃粥

材料： 糯米50克，核桃仁30克，冰糖15克。

做法： 所有材料同煲1小时，加冰糖调味即可。

功效： 健脑益智，通润益气。

注意： 3岁以上孩子，消化好的时候吃。2岁以下的孩子只喝粥水不吃渣。每次小半碗，1天1~2次。1周1次。

⊙ 这五种食物不能随意吃

（1）滋腻的补品，如花胶、阿胶等。

大部分补品都是滋腻的，滋腻之物不好消化，孩子脾胃功能本就弱，这类补品极容易给他们的消化系统带来过重的负担。很多家长以为秋冬给孩子吃花胶、阿胶能起到滋润的效果，实际上并非如此。

（2）大补之物，如人参、鹿茸等。

这类补物往往力道强、药效强，孩子不一定能受得住，如需服用也一定要在医生指导下酌量使用。同时，像人参、鹿茸这类大补之物，往往具有促进性腺激素分泌的功效，有可能使孩子出现性早熟、发育过早、长不高等问题。中医有"少不服参"的说法，孩子不是绝对不能吃人参，但千万不能滥用

（3）含有激素过多的补品，如蜂王浆、蛤蚧、红参等。

处在生长阶段的孩子，滥服含有激素过多的补品容易导致性早熟，影响孩子的正常生长发育和心理健康。像蛤蚧，其实是助阳益精的，很多家长觉得价格贵就好，给孩子吃了结果无益反害。

（4）功效不适合的补品，如燕窝等。

燕窝主要有滋阴补血的功效，更适合成年人女性。这类补品虽对孩子无害，但如果孩子吃后明显消化不好，就要立即停止食用。

（5）水泼蛋。

就是半熟的鸡蛋，不算名贵药材，但是很多家长觉得它很补，也会给孩子吃。实际上，半生不熟的鸡蛋中有很多细菌和寄生物，给孩子吃肯定是不合适的。

其实，孩子是没必要大滋大补的。如果家长确实想给孩子吃点名贵补品，可以在孩子消化好的时候，适当吃一点鲍鱼、虫草、海参，这三种都属于温补，既不燥又不腻，不容易引起积食，对孩子又有比较好的补气扶正的作用。还有一个现实情况就是食品安全的问题，给孩子吃，就更要挑选安全、没有毒副作用的食/药材。

其实，药补不如食补，想要孩子少生病，不一定要用名贵补品补身体。均衡饮食，调护脾胃，保持足够的睡眠和适当的运动，就能起到很好的效果。

专家推荐食疗方1

莲子百合羹

材料：莲子50克，百合10克，莲藕粉100克。

用法：莲子百合加水共煮至软化后，兑入莲藕粉搅拌至糊状，煮沸即可。1周喝1次。

分量：2~3人份。

功效：健脾润肺。

适用年龄：3岁以上的孩子，消化好的时候喝；3岁以下的孩子喝汤不吃渣；1岁以内的婴儿在医生指导下使用。

专家推荐食疗方2

橄榄鹧鸪汤

材料：橄榄擘开5个，鹧鸪1只，陈皮1克，枸杞5克，盐少许。

做法：上述材料熬汤1小时左右即可。

分量：2~3人份。

功效：运脾健胃，化痰润肺。

适用年龄：3岁以上的孩子，消化好的时候喝；3岁以下的孩子喝汤不吃肉渣；1岁以内的婴儿在医生指导下使用。

"多事之秋"，家长不可忽视的常见病

李清照诗曰："乍暖还寒时候，最难将息。"将息，就是保养的意思。也就是说，在天气忽冷忽热的时候，是最难保养的。入秋以后，天气逐渐转凉，感冒咳嗽的孩子也越来越多。如果孩子早上起来时咳两声，连着打喷嚏，流鼻水，整天吸鼻涕，那么明显是着凉受寒了。

⊙ 感冒

防止孩子感冒着凉，家长做好这几点：

1.保护好孩子神阙穴

神阙穴就是肚脐眼的位置。胎儿依赖这个穴位输送营养至全身，才使得胎体逐渐发育。神阙穴是守护脾系的关键，它最重要的作用是培元固本。神阙穴位于腹之中部，是下焦的枢纽，又邻近胃与大小肠，该穴能健脾胃、理肠止泻。调护孩子的脾胃，就是调护孩子的根本。有经验的老中医，甚至可以通过孩子肚脐的形状、深度、厚度来判断孩子脾胃的强弱。

神阙穴最容易受寒。肚脐是剪断脐带后才闭合的，是腹部脂肪最单薄、皮肤最薄嫩的地方。有些老人会给小孩穿肚兜，就是为了保护神阙穴。

天气转凉，孩子入睡后，可以在其肚子上裹上一个薄薄的毯子，以防孩子踢被后肚子受凉。或者给孩子穿裤腰高过肚脐眼的裤子，盖住孩子的小肚皮，包住孩子的小肚子，就不用担心孩子下半夜踢被子了。

2.不要让孩子脚底受寒

百病从寒起，寒从脚下生。天凉了，不能让孩子在家里光着脚跑了。不

论白天还是夜间，双脚一旦受凉，就可能引发感冒。脚底是人的"第二心脏"，分布于脚部的穴位有60多个，与各脏腑器官——对应。

孩子光脚走路是有益处的，尤其是刚学步的孩子。夏天地板温热的时候没有问题，但到了秋冬，如果还让孩子光脚在冷冰冰的地板上走，那孩子就很容易会感冒。如果孩子喜欢光脚走路，也要在地板铺上垫子或者地毯。

白天孩子光脚走路时，寒气会从脚底侵袭身体，晚上睡觉再稍不注意，那就更容易感冒了。家长要督促孩子穿拖鞋，要帮大一些的孩子在家里养成穿拖鞋的习惯；帮小一些的孩子穿上袜子，或者学步鞋；晚上睡觉的时候，一定要注意，不要让孩子的脚底吹风受凉。

3.避免孩子体内寒湿

如果家长留意下孩子的舌相，就会发现现在多半孩子是偏湿偏寒的。因为暑湿没有祛尽，到了秋季又要润燥，而润燥的食物又多偏凉偏寒，脾胃差一些的孩子就很容易生湿。秋天的时蔬水果，比如梨子、柚子，就是偏寒凉的，如果不注意控制量，一次吃太多，孩子就很容易会生寒湿。如果已经内生寒湿，再感外邪，晚上睡觉稍微受凉，孩子肯定就要感冒生病了。

4.调护好脾胃

孩子的脾胃调护一直是我重点强调的，脾胃好的孩子消化好，不积食，抵抗力强，当然不易生病。关于秋季脾胃的调护要点，家长可以参考前文内容。

总之，日常饮食生活得法，孩子的体质就会有所改善，孩子也就不容易感冒生病了。

给家长推荐一个汤方，预防入秋孩子感冒，增强抵抗力，1周给孩子喝两次。小一些的宝宝，喝汤不吃渣。

专家推荐食疗方 1

小儿安秋方

材料： 炒谷芽10克，炒麦芽8克，陈皮2克，乌梅5克，莲子5克，百合8克，煲瘦肉汤。

用法： 喝汤不吃渣，大小皆宜。1周2次。

功效： 消食健胃，理气润燥。

专家推荐食疗方 2

秋柠饮

材料： 陈皮1~2克，用热水洗干净；柠檬1~2片，用新鲜的口感更好；蜂蜜10毫升。

做法： 陈皮和柠檬用热水泡开放温，加入蜂蜜即可。1岁内的孩子不用蜂蜜，改用适量黄糖代替。

功效： 理气润燥。

小儿秋季饮食调理

⊙ 轮状病毒导致的秋季腹泻

秋季引发腹泻的罪魁祸首是轮状病毒，感染了轮状病毒的孩子，会出现高烧和腹泻，有些最初会呕吐，有些还会伴有咳嗽、流鼻涕等感冒症状。病中会很难受，病好后很多孩子都会明显消瘦。但只要养护得当，孩子也能很快恢复。

如何预防秋季腹泻？

1. 增强体质

这是孩子健康的根本，孩子抵抗力强，自然就会少生病。孩子体质好坏的根本在于脾，秋季健脾的窍门在于润肺。

2. 保护肚脐不受寒

肚脐部位的表皮最薄，皮下没有脂肪组织，但有丰富的神经末梢和神经丛，因此对外部刺激特别敏感，最容易受寒邪风邪的穿透弥散。因此，预防秋季腹泻，也要保护好肚脐不受寒。

3. 勤洗手

轮状病毒是典型的粪口传播病毒，每天饭前饭后、放学回家、便便之后都要监督孩子洗手。洗手要用流水，并搓洗干净。

饮食调理的重点在哪里?

1. 少辛增酸

夏天,我会建议家长让孩子多吃姜、葱、蒜,尤其是姜茶驱寒,但是一入秋,就要少吃这些了。入秋后可以多吃一些酸性水果,如山楂、葡萄、柠檬、阳桃等。日常饮食中也可以有倾向性地少辛多酸,比如给孩子蒸鱼时要少放姜丝,用柠檬片代替,做成柠檬鱼;夏季推荐孩子喝的红糖姜茶,这时候也不适合给孩子喝,可以喝柠檬蜂蜜饮代替。

2. 禁寒凉,多柔润

《饮膳正要》说:"秋气燥,宜食麻以润其燥,禁寒饮。"秋季燥气当令,易伤津液,故饮食应以滋阴润肺为宜,夏天解暑的一些寒凉食物,这时候要少给孩子吃。

润燥益肺肠的食物,如芝麻、糯米、蜂蜜、枇杷等,都比较柔润,有益胃生津的功效,其性味也都很适合孩子。糯米煮的稀粥,最能帮孩子补气。芝麻可以打成浆,也可以打粉做糕点,或者煮粥,最简单的就是在每餐的大米饭上撒上几粒黑芝麻。

夏天去暑的西瓜尤其是凉茶,这个时候就不要给孩子吃了,秋季是孩子腹泻高发的季节,更要防止孩子小肚子里外受寒。

专家推荐食疗方 1

三珍糯米粥

材料: 百合10克,白果10克,去芯莲子10克,黄糖15克,糯米30克。

做法: 加水800毫升,慢火熬煮成粥。分次服用。

功效: 敛肺益气,理脾健胃。

专家推荐食疗方 2

蜂蜜柠檬饮

材料: 洗净的金橘2个,柠檬1片,清水200毫升,蜂蜜10毫升。

做法: 金橘和柠檬加水煮开后加入蜂蜜。分次服用,1周2次。1岁内婴儿不用蜂蜜,改用适量冰糖。

功效: 润肺润肠,醒神开胃。

Chapter **2**

营养、天然的
秋季时令保健食谱

21
千卡/100克

茼蒿

- 别名：蓬蒿、菊花菜、蒿菜、艾菜。
- 性味：性温，味甘、涩。
- 归经：归肝、肾经。

营养成分

富含维生素A、β-胡萝卜素、食物纤维、维生素C、多种氨基酸、脂肪、蛋白质及含量较高的钠、钾等矿物盐。

食用价值

茼蒿含有特殊的挥发性精油，有消食开胃、提神顺气、降压补脑、稳定情绪的作用，可预防感冒，调节体内代谢。茼蒿含有丰富的维生素A，经常食用有助于抵抗呼吸系统的感染，润肺化痰。又因其含有大量粗纤维，可促进肠胃蠕动，帮助人体及时排除有害毒素，达到通腑利肠、预防便秘的目的。茼蒿胡萝卜素的含量极高，有"天然保健品，植物营养素"之美称。茼蒿还可以防止视力衰退，有利于皮肤、头发及牙齿的健康生长，有利于幼儿的生长发育。

饮食宜忌：茼蒿润肠通便效果极佳，胃虚泄泻的人不可多吃。茼蒿性温，一次不可食用过多，以免上火。

选购保存

选购茼蒿时，挑选叶片结实、浓茂的即可。叶片无黄色斑点、鲜亮翠绿，根部肥满挺拔的茼蒿品质佳。叶子发黄、叶尖开始枯萎乃至发黑收缩的茼蒿不要买。茎秆或切口呈褐色，则表示放的时间太久。

茼蒿买回后，用大量水快速清洗一下并去除溃烂部分，先用纸把茼蒿包裹起来，然后将根部朝下直立摆放在冰箱中，这样既可以保湿，又可以避免过于潮湿而腐烂。

茼蒿排骨粥

食材准备

茼蒿................................80克

芹菜................................50克

排骨..............................100克

水发大米.......................100克

盐 2克

小贴士

搅拌时要顺着一个方向，这样不容易粘锅。

制作方法

1 将洗净的芹菜切成粒，洗好的茼蒿切碎。

2 砂锅中注水烧开，放入洗净的大米，拌匀，盖上盖，烧开后用小火炖15分钟。揭盖，放入洗净的排骨，盖上盖后用小火继续炖30分钟。

3 揭盖，加入盐，搅匀调味，放入茼蒿、芹菜，继续煮至熟软即可。

生蚝茼蒿烧豆腐

食材准备

豆腐 100克

茼蒿 100克

生蚝肉 90克

姜片、葱段 .... 各少许

盐 3克

老抽、料酒、生抽、

水淀粉、食用油 .... 各适量

制作方法

1 将洗净的茼蒿切成段，洗好的豆腐切成小方块。

2 锅中注水烧开，加入少许盐，放入茼蒿氽煮半分钟，捞出后沥干水分。沸水锅中再倒入洗净的生蚝肉，氽煮1分钟，捞出待用。

3 用油起锅，放入姜片、葱段，爆香；倒入生蚝肉，淋入料酒，炒香；放入茼蒿，翻炒均匀；再倒入豆腐，加入盐、老抽、生抽，轻轻翻动，转中火炖煮约2分钟。

4 用大火收汁，倒入水淀粉，翻炒至汤汁收浓即可。

松仁鸡蛋炒茼蒿

食材准备

松仁............................30克

鸡蛋..........................2个

茼蒿..........................200克

枸杞..........................10克

葱花............................少许

盐 2克

水淀粉 4毫升

食用油 ....适量

制作方法

1 将鸡蛋打入碗中，加入少许盐，放入葱花，打散，待用。将洗净的茼蒿切碎待用。

2 热锅注油，烧至三分热，倒入松仁，炸香，捞出，沥干油待用。锅底留油，倒入蛋液，炒熟，盛出待用。

3 锅中注入少许食用油烧热，倒入切好的茼蒿，翻炒片刻，炒至熟软；加入少许盐，炒匀调味；倒入炒好的鸡蛋，放入洗净的枸杞，翻炒均匀；最后淋入适量水淀粉，快速翻炒均匀即可。

73
千卡/100克

莲藕

- 别名：水芙蓉、莲根、藕丝菜。
- 性味：性凉，味辛、甘。
- 归经：归肺、胃经。

营养成分

富含蛋白质、脂肪、碳水化合物、膳食纤维、灰分、钙、磷、铁、胡萝卜素、硫胺素、核黄素、烟酸、抗坏血酸。

食用价值

莲藕营养丰富，含有大量的黏液蛋白和膳食纤维，可以与胆酸盐、胆固醇及甘油三酯结合，使其从粪便中排出，从而减少脂类的吸收。莲藕散发出一种独特清香，还含有鞣质，有一定的健脾止泻作用，能增进食欲，促进消化，开胃健中，有益于胃纳不佳、食欲不振者恢复健康。莲藕富含铜、铁、钾、锌、镁和锰等微量元素，蛋白质、维生素及淀粉含量也很高，有明显补益气血、增强人体免疫力的作用。在块茎类食物中，莲藕含铁量较高，因此缺铁性贫血者最适宜吃藕。中医称其："主补中养神，益气力。"

饮食宜忌：生藕性凉，所以对身体燥热的人来说，吃生藕是一种很好的选择，不过对脾胃不好、大便稀溏的人来说，生吃凉拌莲藕较难消化，且容易加重寒症。

选购保存

选莲藕，一看藕节间距，藕节与藕节之间的间距越长表示莲藕的成熟度愈高，口感越松软；二看外形，要选外形饱满的莲藕，不要选择外形凹凸不完整的莲藕；三看颜色，要挑选外皮光滑且颜色呈黄褐色的莲藕。

没有切口的莲藕可在室温中放置1周的时间。因莲藕容易变黑，有切口的莲藕切面容易腐烂，所以要在莲藕切口处覆上保鲜膜。

桂花糯米藕

食材准备

莲藕..........................1~2段

糯米..........................200克

红枣.............................适量

冰糖..........................20克

红糖、桂花..................各适量

制作方法

1 将糯米淘洗干净，莲藕洗净，在近藕节处切下一块做盖子。用糯米塞满藕孔，盖上盖子，用牙签固定好，放入砂锅中，加水没过莲藕，煮开后用小火继续煮30分钟。

2 放入红糖、冰糖、红枣，用小火继续煮1小时。撒上少许桂花，再煮10分钟。

3 起锅切片，淋上糖汁，撒上少许桂花即可。

莲藕小丸子

食材准备

莲藕..........................100克

盐 ....少许

生粉、白醋.....................各适量

制作方法

1 将洗净去皮的莲藕切成丁，装入碗中，注入少许清水，淋入适量白醋，搅拌均匀，静置10分钟。

2 取榨汁机，选择搅拌刀座组合，倒入藕丁，搅打成细粉，装入碗中，加入适量盐，再撒上生粉，搅拌至藕粉起浆，揉成大小一致的丸子，装入蒸盘待用。

3 蒸锅上火烧开，放入蒸盘，用中火蒸8分钟至熟软即可。

小贴士

莲藕丁宜切得小一点，更易于磨碎。

032

藕片猪肉汤

食材准备

莲藕..................................100克
猪瘦肉................................40克
香菇....................................2朵
小葱....................................3克
盐..2克
食用油................................适量

制作方法

1 将洗净的莲藕切片，洗好的猪瘦肉切片，洗净泡发好的香菇切成薄片。

2 热锅注油，倒入猪瘦肉，炒至变色；放入藕片，快速翻炒片刻，再倒入香菇，翻炒均匀；注入适量清水，拌匀，盖上盖，煮约5分钟，至食材熟软。

3 揭开盖，加入盐，稍稍搅拌至入味。

4 将煮好的汤料盛入碗中，撒上切好的葱花即可。

小贴士

盐要在快出锅的时候放，这样才能保持汤的原汁原味。

扫一扫
美味跟着学

37
千卡/100克

秋葵

- 别名：金秋葵、黄秋葵、羊角豆、咖啡黄葵、毛茄、黄蜀葵、洋辣椒。
- 性味：性寒，味苦。
- 归经：归肾、胃、膀胱经。

营养成分

含黏性蛋白、果胶、膳食纤维、半乳聚糖、鼠李聚糖、维生素A、维生素C、β-胡萝卜素及钙、铁、锌、硒等多种矿物质。

食用价值

秋葵的营养极其丰富，含有大量铁、钙、糖类、蛋白质、维生素C、维生素A等，而且它的各个部分都含有半纤维素、纤维素和木质素。食用秋葵可预防贫血，改善视力，促进生长发育，对小孩的身体十分有益。秋葵的钙含量也较高，可以和牛奶媲美，钙的吸收率可达到50%，是补钙良品。此外，秋葵的黏性物质中所含的果胶与多糖等可以帮助肠胃蠕动，促进消化，对肠胃非常有益；果胶还有护肝的作用。

饮食宜忌：虽然秋葵的营养价值高，但秋葵性寒、偏凉，因此胃肠虚寒、功能不佳、经常腹泻的孩子不可多食。

选购保存

秋葵应挑选形状饱满、直挺的。秋葵越小越嫩，长度以5~10厘米最佳。用手轻轻捏，感觉不发硬、有点韧度为佳。表面饱满鲜艳、脊上有毛为佳，颜色发暗发干则表示老了。不要挑选果身出现黑色斑痕的，这表示在运送过程中受到摩擦，品质受损，较易腐烂。

在较高的温度下，由于秋葵的呼吸作用相当快速，其组织容易快速老化、黄化及腐败。最好储存于7~10℃的环境中，储存期为10天左右。

莲藕炒秋葵

食材准备

去皮莲藕 200克

去皮胡萝卜 150克

秋葵 50克

红彩椒 10克

盐 2克

食用油 5毫升

制作方法

1 将洗净的胡萝卜切片，洗好的莲藕切片，洗净的红彩椒切片，洗好的秋葵斜刀切片。

2 锅中注水烧开，加入食用油、盐，拌匀，倒入切好的胡萝卜、莲藕、红彩椒、秋葵，拌匀，焯煮2分钟至食材断生，捞出，沥干水分待用。

3 用油起锅，倒入焯好的食材，翻炒均匀，加入盐，炒匀调味即可。

猕猴桃秋葵豆饮

食材准备

去皮猕猴桃 80克

秋葵 50克

豆浆 100毫升

生姜汁 5毫升

制作方法

1 将洗净去皮的猕猴桃切成块，洗净的秋葵去柄，放入开水锅中汆煮约2分钟，捞出，沥干水分，切成块待用。

2 将秋葵和猕猴桃倒入榨汁机中，倒入豆浆、生姜汁。

3 启动榨汁机，榨约15秒成豆浆汁。

小贴士

若给年龄大一点的儿童喝，秋葵也可以不汆水，直接切片即可。

秋葵炒蛋

食材准备

秋葵..................................150克

鸡蛋......................................2个

葱花、盐 ....各少许

水淀粉、食用油....................各适量

制作方法

1 将洗净的秋葵对半切开，再切成块。鸡蛋打入碗中，加入少许盐，倒入适量水淀粉，打散调匀。

2 用油起锅，倒入切好的秋葵，炒匀；撒上少许葱花，炒香。

3 再倒入鸡蛋液，翻炒至熟即可。

 小贴士

秋葵入锅后，宜大火快炒，变色即可出锅，以免其营养成分流失。

56
千卡/100克

山药

- 别名：怀山药、淮山药、土薯、山薯、玉延。
- 性味：性平，味甘。
- 归经：归肺、脾、肾经。

营养成分

含多种氨基酸和糖蛋白、黏液质、胡萝卜素、维生素B$_1$、维生素B$_2$、维生素C、烟酸、胆碱、淀粉酶、多酚氧化酶等。

食用价值

中医认为，山药是一种具有平补脾胃作用的药物，平时吃山药能促进肠蠕动以及胃肠消化吸收，防治消化不良、腹泻等问题，还具有滋补脾胃的功效。山药具有滋养皮肤、美容养颜的作用，经常食用可以润滑肌肤，美白肌肤，因此给宝宝食用可以提高肌肤免疫能力，不容易患皮肤疾病，还可以达到美容护肤的效果。山药含有蛋白质、淀粉、黏液质等多种营养物，进食之后可以直接为大脑提供热量，有健脑补脑的作用，对小孩子来说是非常好的健康食品。正在发育阶段的小孩子适合多进食山药，对身体的生长发育有很大好处。

饮食宜忌： 山药有收涩功效，如果孩子本身有大便干燥的问题则不宜食用。

选购保存

挑选山药时首先要掂重量，大小相同的山药，较重的更好；其次看须毛，同一品种的山药，须毛越多的越好；最后再看横切面，山药的横切面肉质呈雪白色说明是新鲜的。另外，表面有异常斑点的山药绝对不能买，因为这可能已经感染到了病菌。

尚未切开的山药，可存放在阴凉通风处。切开的山药可盖上湿布保湿，放入冰箱冷藏室保鲜。

小米山药甜粥

食材准备

小米.............................40克

大米.............................40克

山药.............................20克

白糖...............................4克

制作方法

1 将去皮洗净的山药切成丁。大米、小米提前泡发好。

2 锅中注入适量的清水烧开，倒入泡发好的小米、大米，拌匀，盖上盖，煮开后转小火煮约40分钟至食材熟软。

3 揭开盖，倒入山药丁，拌匀。再次盖上盖，煮开后用小火继续煮15分钟至全部食材熟透。

4 揭开盖，加入适量白糖，续煮约5分钟即可。

山药杏仁糊

食材准备

山药...100克

小米饭.....................................100克

南杏仁.....................................30克

白醋...少许

制作方法

1 将去皮洗净的山药切成丁。锅中注水烧开，倒入山药，加入少许白醋，拌匀，煮2分钟至其熟透，捞出，沥干水分待用。

2 取榨汁机，选择搅拌刀座组合，倒入山药，加入小米饭、杏仁，倒入适量纯净水，榨成糊。

3 把榨好的山药杏仁糊倒入汤锅中，用小火边煮边搅拌，煮沸即可。

杏仁可以先泡发，这样可以缩短榨汁机搅拌的时间。

山药枸杞豆浆

食材准备

枸杞.....................................15克

水发黄豆................................50克

山药.....................................30克

制作方法

1 将洗净的山药去皮，切成小块。将已浸泡8小时的黄豆倒入碗中，加入适量清水，搓洗干净，再倒入滤网中，沥干水分待用。

2 把黄豆倒入豆浆机中，再放入枸杞、山药，注入适量纯净水，开始打浆。

3 待豆浆机运转约15分钟，即成豆浆。把豆浆倒入滤网，滤取豆浆汁。

小贴士

枸杞可用温水泡发后再打浆，这样更易析出其营养成分。

玫瑰山药

食材准备

去皮山药 150克

配方奶粉 30克

玫瑰花瓣 5克

白糖 10克

制作方法

1 蒸锅上火烧开，放入去皮洗净的山药，蒸20分钟至熟。

2 取出蒸好的山药，装进保鲜袋，倒入白糖，放入配方奶粉，压成泥状，装盘。

3 取一模具，逐一填满山药泥，用勺子稍稍按压紧实，待山药泥定型后取出，反扣放入盘中，撒上掰碎的玫瑰花瓣即可。

 小贴士

从模具中取出山药泥时，动作要轻，慢慢掰开模具即可。

营养、天然的秋季时令保健食谱

山药红枣鸡汤

食材准备

鸡肉...........................200克
山药...........................100克
红枣、枸杞、姜片.............各少许
盐.............................3克
料酒..........................4毫升

制作方法

1 将洗净去皮的山药切滚刀块，洗好的鸡肉切块。

2 锅中注水烧开，倒入鸡肉块，淋入少许料酒，搅拌均匀，撇去浮沫，用大火煮约2分钟，捞出，沥干水分待用。

3 砂锅中注水烧开，倒入鸡肉块，放入红枣、枸杞、姜片，淋入料酒，盖上盖，用小火煮约40分钟至食材熟透。

4 揭盖，加入少许盐，搅拌均匀，略煮片刻即可。

小贴士

余好的鸡肉块可用清水冲洗干净，这样能彻底去除血渍。

043

79
千卡/100克

芋头

- 别名：青芋、芋艿。
- 性味：性平，味甘、辛。
- 归经：归大肠、胃经。

营养成分

富含蛋白质、钙、磷、铁、钾、镁、钠、胡萝卜素、烟酸、维生素C、B族维生素、皂角甙等。

食用价值

芋头的营养价值很高，其块茎中的淀粉含量达70%，既可当粮食，又可做蔬菜，是老幼皆宜的滋补品。中医认为，芋头性平，味甘、辛，具有益胃、宽肠、通便散结、补中益肝肾、添精益髓等功效。芋头中含有丰富的钙、铁、胡萝卜素、维生素C等，宝宝食用能够增强免疫力和抵抗力。芋头所含的矿物质中，氟的含量较高，具有洁齿防龋、保护牙齿的作用。芋头中有一种天然的多糖类高分子植物胶体，有很好的止泻作用，并能增强人体的免疫功能。

饮食宜忌：有痰、过敏性体质(荨麻疹、湿疹、哮喘、过敏性鼻炎)者、食滞、胃纳欠佳小儿以及糖尿病患者应少食。

选购保存

挑选芋头时，注意：一看外表，拨开芋头的毛皮，仔细观察有没有霉烂、干硬、斑点等现象，体形要匀称，没有破损；二看沙眼，如果芋头的根部附近有很多带土的凹下去的沙眼或小坑儿，说明芋头吃起来够绵够粉；三看根部，用刀在芋头的根部划开一个小口，如果流出比较黏稠的白色液体，并且能很快干结呈现粉状，则为上品芋头。

一般买回家的芋头会带点泥巴，存放过程中不要将泥巴去掉，直接放在干燥、阴凉、通风处即可。

芋头蒸排骨

食材准备

芋头.............................100克

排骨.............................150克

水发香菇..........................2朵

盐..................................3克

蒜末、姜末、白糖、料酒、

豉油.............................各少许

制作方法

1 将去皮洗净的芋头切成菱形块。把洗好的排骨切成段，装入碗中，加盐、白糖、料酒、姜末、蒜末，拌匀，腌10分钟。

2 锅中倒油烧热，放入芋头，用小火炸约2分钟至熟，捞出，摆入盘中。将腌好的排骨放入装有芋头的盘中间，香菇置于排骨上，放入烧开的蒸锅中蒸15分钟至排骨酥软。

3 取出蒸好的食材，淋上少许豉油，摆好盘即可。

芋头粥

（食材准备）

水发大米 100克
芋头 150克

（制作方法）

1 将去皮洗净的芋头切成小粒，待用。

2 砂锅中注水烧开，倒入泡发好的大米，搅拌片刻，再倒入芋头粒，搅拌均匀，盖上盖，烧开后用小火煮约40分钟至食材熟软。

3 揭盖，搅拌片刻即可。

小贴士

　　大米在熬煮时会吸收水分，所以要一次性加够水，以免糊锅。

红枣芋头

食材准备

去皮芋头 200克

红枣...5个

白糖...适量

制作方法

1 将洗净的芋头切片。取一盘，将洗好的红枣摆放在底层中间，盘中依次均匀铺上芋头片，顶端再放入几颗红枣。

2 蒸锅注水烧开，放入摆好食材的盘子，加盖，用大火蒸10分钟至熟。

3 揭盖，取出芋头及红枣，撒上白糖即可。

小贴士

白糖可以根据宝宝的口味酌量添加。

芝麻拌芋头

食材准备

芋头..200克

熟白芝麻.....................................25克

白糖..5克

小贴士

芋头削皮时，可以在手上倒点醋抹匀，手就不会因接触到黏液而发痒。

制作方法

1 将洗净去皮的芋头切成小块。

2 把切好的芋头装入蒸盘中，待用。

3 蒸锅上火烧开，放入蒸盘。

4 盖上盖，用中火蒸约20分钟，至芋头熟软。

5 揭盖，取出蒸盘，放凉待用。

6 取一个大碗，倒入蒸好的芋头。

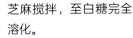
7 加入适量白糖、老抽拌匀，压成泥状，撒上白芝麻搅拌，至白糖完全溶化。

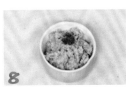
8 另取一碗，盛入拌好的食材即可。

营养、天然的秋季时令保健食谱

Chapter 2

049

98
千卡/100克

菱角

- 别名：水菱、风菱、乌菱、水栗、菱实、芰实。
- 性味：生者性凉，味甘；熟者性平，味甘。
- 归经：归脾、胃经。

食用价值

在秋日的果蔬市场上，菱角是一种应时食品。菱角含有丰富的淀粉、蛋白质、葡萄糖、不饱和脂肪酸及多种维生素和微量元素。古人认为多吃菱角可以补五脏、除百病，并且有减肥健美的效果。宝宝吃菱角能有效缓解皮肤病症状，可辅助治疗小儿头疮、头面黄水疮、皮肤赘疣等多种皮肤病。菱角具有生津止渴、健脾益气的功效，熟食还能起到益气健脾、祛病强身的作用。菱角还能利尿、通乳、解酒毒，是减肥的辅助食品，给宝宝吃些菱角有利于预防和缓解肥胖症。

饮食宜忌： 菱角性寒，含有大量寒气，不适合寒性体质的人食用，否则会加重寒性体质，对身体健康不宜。

选购保存

菱角可生食和熟食，生食选鲜菱，熟食选老菱。绿色的鲜菱角嫩且吃起来口感较脆，像马蹄；黄色或红色的菱角煮熟后口感绵软粉糯，和煮熟的栗子相似。

带壳菱角放进塑料袋中放入冰箱可保存一星期，塑胶袋上要留洞通风，以免湿气在袋中易发霉。去壳菱角可放进保鲜盒中，再包一层保鲜膜，放进冰箱冷藏可保存2天。

营养成分

含有丰富的淀粉、葡萄糖、蛋白质、维生素B、维生素C、菱角甾四烯、β-谷甾醇及钙、磷、铁等。

菱角莲藕粥

食材准备

水发大米 100克

莲藕 50克

菱角肉 100克

马蹄肉 50克

白糖 3克

小贴士

建议选择肉质较老的菱角，这样粥的口感更软糯。

制作方法

1 将洗净的菱角肉、马蹄肉切成小块，去皮洗净的莲藕切成丁。

2 砂锅中注水烧开，倒入洗净的大米，放入切好的食材，搅拌均匀，盖上盖，烧开后转小火煮约40分钟，至食材熟软。

3 揭盖，加入少许白糖，搅拌至白糖溶化即可。

菱角薏米汤

食材准备

水发薏米 50克

菱角肉 100克

白糖 2克

制作方法

1 砂锅中注入适量清水烧开，倒入备好的薏米。

2 盖上盖，大火烧开后改小火煮约25分钟至其变软。

3 揭盖，搅拌几下，放入洗净的菱角肉，加入少许白糖，搅拌均匀，用中火煮约3分钟，至白糖溶化即可。

小贴士

　　菱角口感清甜，不宜加太多白糖，以免影响汤汁的口感。

 荷塘三宝

食材准备

菱角肉	150克
鲜莲子	50克
藕带	100克
彩椒	10克
盐	2克
白糖	少许
食用油	适量

制作方法

1 将洗净的藕带切小段，洗好的彩椒切成丁，洗净的菱角肉切小块。

2 锅中注水烧开，倒入备好的鲜莲子，焯煮约1分钟，去除杂质，再放入切好的菱角肉，拌匀，去除涩味，捞出，沥干水分待用。

3 用油起锅，倒入彩椒丁，炒香；放入切好的藕带，炒至变软；倒入焯过水的材料，炒匀；加入少许盐、白糖，用中火翻炒至食材熟透即可。

小贴士

焯煮菱角肉时可以放入少许白醋，这样能减轻其涩味。

30
千卡/100克

大葱

- 别名：葱、青葱、四季葱、事菜。
- 性味：性温，味辛。
- 归经：归肺、胃经。

营养成分

含有挥发油，挥发油中主要成分为蒜素，又含有二烯丙基硫醚、草酸钙，还含有脂肪、糖类、胡萝卜素、维生素B、维生素C、烟酸、钙、镁、铁等成分。

食用价值

中医认为，大葱性温味辛，具有散寒健胃、祛痰、杀菌、利肺通阳、发汗解表、通乳止血、定痛疗伤的功效，可用于痢疾、腹痛、关节炎、便秘等症。大葱能增进食欲，同时与维生素B_1含量较多的食物一起摄取时，维生素B_1所含的淀粉及糖质会变为热量，具有缓解疲劳的作用。大葱能舒张血管，促进血液循环，有助于防止血压升高所致的头晕，使大脑保持灵活。大葱中的发性辣素通过汗腺、呼吸道、泌尿系统排出时能轻微刺激相关腺体的分泌，起到发汗、祛痰、利尿的作用。大葱还可用于治疗感冒。

饮食宜忌： 大葱能够开胃，促进消化，但是它的刺激性比较强，所以患有胃肠道疾病特别是溃疡病的人不宜多食。

选购保存

选购技巧：①挑直的不挑弯的。直的大葱，葱白部分会稍微长点，这样更实用。②挑紧的不挑松的。用手捏一捏，如果感觉很紧，很有水分，就是好大葱；如果捏起来很松，而且表皮起了褶子，说明已经放置一段时间，不新鲜了。

大葱在储存前，先晾晒三四天，将葱叶晒蔫，然后把大葱编起来打成六七棵一个的小捆，将叶子挽成一个结，根朝下存放在阴凉通风处。

酱爆大葱羊肉

食材准备

羊肉片 150克

大葱段 50克

黄豆酱 20克

盐、白胡椒粉 各1克

生抽、料酒、水淀粉 ...各5毫升

食用油 .... 适量

制作方法

1 将羊肉片装碗，加入盐、料酒、白胡椒粉、水淀粉、少许食用油，搅拌均匀，腌渍10分钟至入味。

2 热锅注油，倒入腌好的羊肉，炒约1分钟至转色，倒入黄豆酱，放入大葱，翻炒至出香味。

3 加入生抽，大火翻炒约1分钟至入味即可。

20
千卡/100克

蘑菇

- 别名：双孢蘑菇、白蘑菇、洋蘑菇、蒙古蘑菇、蘑菰、肉菌、蘑菇菌。
- 性味：性平，味甘。
- 归经：归肠、胃、肺经。

营养成分

富含蛋白质、人体所需氨基酸、膳食纤维、胡萝卜素、维生素A、维生素C、维生素D、纤维素以及锌、锰、镁、钙、硒等多种矿物质。

食用价值

蘑菇含有胡萝卜素，在人体内可转变为维生素A，因此有"维生素A宝库"之称。蘑菇含有丰富的蛋白质，包含人体必需的赖氨酸等8种氨基酸，含量接近肉类和蛋类，明显高于蔬菜和水果，可消化率为70%~90%，有"植物肉"之称，最适合孩子食用。蘑菇还含有丰富的矿质元素，如蘑菇富含的微量元素硒，能防止过氧化物损害机体，有利于提高身体免疫力。蘑菇还含有丰富的维生素，如维生素D对宝宝骨骼健康发育和疾病预防具有特殊效果，维生素A可保护宝宝视力，维生素C可防止宝宝患坏血病等。蘑菇含有大量植物纤维，宝宝食用后能防止便秘、促进排毒。

饮食宜忌：蘑菇性滑，吃多了会引起腹泻，便泄者应慎食。

选购保存

挑选蘑菇的几个小技巧：一看表面，菌盖没有完全打开，或是打开后没有破裂凋谢的是好蘑菇；二看颜色，正常蘑菇一定会有褐色斑点；三闻气味，漂白过的蘑菇气味偏重，新鲜的蘑菇会有一种淡淡的纯正清香味。

新鲜蘑菇含水量高达90%，因此保存期不长，在常温下只能保存2~3天，建议现吃现买。

蘑菇鸡肉饼

食材准备

鸡胸肉 150克

蘑菇...........................50克

鸡蛋...........................1个

盐 ....少许

面粉、核桃油 ....各适量

制作方法

1 将洗净的蘑菇去蒂，切碎。洗净的鸡胸肉剁成泥，装入碗中，打入鸡蛋，搅拌均匀。

2 热锅注油，放入切好的蘑菇，加入少许盐，翻炒均匀，盛至装有鸡胸肉的碗中，搅拌均匀，加入面粉，再加入核桃油搅拌均匀。

3 将拌匀的混合物倒入热锅中，用铲子抹平，盖上锅盖，用小火煎2分钟。翻面，再盖上锅盖，用小火煎3分钟至两面金黄。将煎好的蘑菇鸡肉饼盛出，分切成小块装盘即可。

蘑菇竹笋豆腐

食材准备

豆腐...........................100克

竹笋...........................50克

蘑菇...........................50克

葱花、盐.....................各少许

水淀粉........................4毫升

生抽、食用油..............各适量

制作方法

1 将洗净的豆腐切小块，洗好的蘑菇切成丁，去皮洗净的竹笋切成丁。

2 锅中注水烧开，放入少许盐，倒入切好的蘑菇、竹笋，搅拌均匀，煮1分钟，捞出，沥干水分待用。

3 用油起锅，放入焯过水的食材和豆腐，炒匀；加入适量清水，放入适量盐、生抽，炒匀；加入适量水淀粉勾芡。

4 盛出炒好的食材，撒上葱花即可。

木耳菜口蘑汤

食材准备

木耳菜 150克

口蘑...........................180克

盐 2克

料酒、食用油 ....各适量

小贴士

如果购买的是袋装口蘑，在炒制前一定要多漂洗几遍，以去掉残留在口蘑上的化学物质。

制作方法

1 将洗净的口蘑切成片。

2 用油起锅，倒入口蘑，翻炒片刻；淋入少许料酒，炒香，倒入适量清水，盖上盖，烧开后用中火煮2分钟。

3 揭盖，加入适量盐，放入洗净的木耳菜，搅拌均匀，煮约1分钟至木耳菜熟软即可。

28
千卡/100克

四季豆

- 别名：架豆、芸豆、刀豆、扁豆。
- 性味：性平，味甘、淡。
- 归经：归脾、胃经。

富含蛋白质、维生素A、B族维生素、维生素C、胡萝卜素、叶酸、碳水化合物以及钾、磷、钙、锌、铜等多种矿物质。

食用价值

四季豆中含有丰富的磷，宝宝食用可以补充磷元素，促进骨骼健康发育，补充能量，促进身体对营养物质的吸收消化，促进牙床健康发育。四季豆中含有丰富的维生素，维生素能促进体内的新陈代谢，明目养眼，促进良好视力的形成，提高记忆力，有利于注意力的集中。四季豆中含有铜元素，铜对人体健康有着不容忽视的作用，可以促进头发、骨骼、皮肤、脑部和肝脏等的健康发育。四季豆还含有叶酸，因此吃四季豆可以补充叶酸，缓解精神压力，促进脑部发育等。另外，四季豆还含有丰富的无机盐，无机盐可以维持体内的酸碱平衡，促进新陈代谢。

饮食宜忌： 四季豆属于豆类，吃多了会产气胀气，所以腹胀者不宜多食。

选购保存

好的四季豆，豆荚饱满、肥硕多汁、折断无老筋、色泽嫩绿、表皮光洁无虫痕，在选购时应以这些特征为标准。

四季豆受到冷害时会出现颜色变深、外表摸起来有水分的情况，不建议冷冻或冷藏。买回的四季豆先去除老的部分，然后用保鲜膜包裹起来，放在阴凉通风处可储存2～3天。

豆腐四季豆大米粥

食材准备

豆腐......................85克

四季豆...................75克

大米......................65克

盐 ....少许

小贴士

烹煮四季豆的时间宜长不宜短，要保证四季豆熟透，否则食用后易引发中毒。

制作方法

1 将洗净的豆腐切小丁，待用。将择洗干净的四季豆切小段，放入沸水锅中煮约3分钟，捞出沥干水分待用。

2 取榨汁机，选择搅拌刀座组合，放入四季豆，倒入适量清水，榨取四季豆汁，盛出。榨汁机中再放入大米，选择"干磨"功能，将大米磨成米碎。

3 把榨好的四季豆汁倒入汤锅中，倒入米碎，用中火煮约2分钟，边煮边搅拌，煮成米糊。加入豆腐，搅匀，煮沸。放入盐，拌匀调味即可。

虾仁四季豆

食材准备

四季豆	150克
虾仁	100克
姜片、蒜末、葱白	各少许
盐	4克
料酒	4毫升
水淀粉、食用油	各适量

制作方法

1. 将洗净的四季豆切成小段。洗好的虾仁由背部切开，去除虾线，装入碗中，放入少许盐、水淀粉，抓匀，倒入适量食用油，腌10分钟至入味。

2. 锅中注水烧开，加入适量食用油、盐，倒入四季豆，焯煮2分钟至其断生，捞出，沥干水分。

3. 用油起锅，放入姜末、蒜末、葱白，爆香；倒入腌好的虾仁，炒匀；放入四季豆，炒匀；淋入料酒，炒香；加入适量盐，炒匀调味；最后倒入适量水淀粉勾芡即可。

 小贴士

虾仁的虾线一定要剔除干净，以免影响虾仁的口感。

四季豆瘦肉面

食材准备

面条	150克
四季豆	50克
猪瘦肉片	30克
姜片、蒜末、葱段	各少许
盐	2克
料酒	3毫升
生抽	6毫升
食用油	适量

制作方法

1 将洗净的四季豆切段，待用。

2 用油起锅，放入姜片、蒜末、葱段，爆香；倒入备好的猪瘦肉片，炒至变色；倒入切好的四季豆，淋入适量料酒，炒匀。

3 锅中注入适量清水，用大火煮沸，放入备好的面条，搅散，转中火煮约3分钟，至食材熟透；加入少许盐、生抽，拌匀，略煮片刻，至汤汁入味即可。

小贴士

四季豆可以先焯水，这样更容易熟透。

39
千卡/100克

洋葱

- 别名：玉葱、葱头、洋葱头、圆葱。
- 性味：性温，味甘、微辛。
- 归经：归肝、脾、胃经。

洋葱营养丰富，且气味辛辣，能刺激胃、肠及消化腺分泌，增进食欲，促进消化，且洋葱不含脂肪，其精油中含有可降低胆固醇的含硫化合物的混合物，可用于治疗消化不良、食欲不振、食积内停等症。洋葱含有一种称为硫化丙烯的油脂性挥发物，味辛辣，有抗寒、抵御流感病毒的较强杀菌作用，有利于增强儿童的抗病毒能力。洋葱所含的微量元素硒是一种很强的抗氧化剂，能消除体内的自由基，增强细胞的活力和代谢能力。洋葱还含有一定的钙质，常吃洋葱能提高骨密度，有助于防治骨质疏松症，有利于儿童的生长发育。嚼生洋葱可以预防感冒。

饮食宜忌：有皮肤瘙痒性疾病、眼疾、胃病患者慎食。

营养成分

含蛋白质、粗纤维及胡萝卜素、维生素B_1、维生素B_2和维生素C等，还含有咖啡酸、芥子酸、桂皮酸、柠檬酸盐、多糖、多种氨基酸、钙以及硒等微量元素。

选购保存

选购洋葱时，表皮越干越好，包卷度越紧密越好。洋葱表皮颜色有橘黄色和紫色两种，橘黄色皮的洋葱层次较厚，水分较多，口感相对较脆；紫色皮的洋葱水分少，层次比较薄，口感次之。相对来说，黄皮的洋葱较甜，而紫皮的洋葱较辣。

将洋葱放入网袋中，悬挂在室内阴凉通风处保存，或者放在有透气孔的专用陶瓷罐中保存。

洋葱虾泥

食材准备

虾仁..100克

洋葱..50克

鸡蛋清 1个

盐 ....少许

沙茶酱 15克

食用油 ....适量

制作方法

1 将去皮洗净的洋葱切成粒；用牙签挑去虾仁的虾线，再剁成泥，装入碗中，放入少许盐，顺同一个方向搅拌片刻；加入鸡蛋清，顺同一个方向迅速搅拌至虾泥起浆，制成虾胶；加入洋葱粒，拌匀。

2 取一个干净的碗，抹上少许食用油，放入虾胶，再放入烧开的蒸锅中，用大火蒸5分钟至熟。

3 取出虾胶，放入沙茶酱拌匀。

小贴士

虾仁本身口感滑嫩，味道鲜美，可尽量少放盐。

小米洋葱蒸排骨

食材准备

水发小米 100克

排骨段 150克

洋葱丝 20克

盐 2克

姜丝、白糖、老抽 .... 各少许

生抽、料酒 各5毫升

小贴士

腌食材的时间可长一些，这样菜肴的口感更好。

制作方法

1 把洗净的排骨段装入碗中，放入洋葱丝，撒上姜丝。

2 搅拌匀，再加入少许盐、白糖，淋上适量料酒、生抽、老抽。

3 拌匀，倒入洗净的小米，搅拌均匀。

4 把拌好的材料转入蒸碗中，腌约20分钟，待用。

5 蒸锅上火烧开，放入蒸碗。

6 盖上盖，用大火蒸约35分钟，至食材熟透。

7 关火后揭盖，取出蒸好的菜肴。

8 冷却后即可食用。

営养、天然的秋季时令保健食谱

067

24
干卡/100克

花菜

- 别名：菜花、椰菜花、球花甘蓝。
- 性味：性凉，味甘。
- 归经：归肝、肺经。

花菜肉质细嫩，味甘鲜美，易消化吸收。常吃花菜有爽喉、开音、润肺、止咳的功效，因此被称为"天赐的良药"和"穷人的医生"。花菜是含有类黄酮最多的食物之一，类黄酮除了可以防止感染，还是最好的血管清理剂，能够阻止胆固醇氧化，防止血小板凝结成块，从而减少心脏病与中风的危险。有些人的皮肤一旦受到小小的碰撞和伤害就会变得青一块紫一块的，这是因为体内缺乏维生素K的缘故，补充维生素k的最佳途径就是多吃花菜。丰富的维生素C含量，使花菜增强肝脏解毒能力，并能提高机体的免疫力，可预防感冒和坏血病，因此非常适合儿童食用。

饮食宜忌：花菜含有少量致甲状腺肿的物质，不宜过量食用。

营养成分

含丰富的钙、磷、铁、维生素C、维生素A、维生素B$_1$、维生素B$_2$以及蔗糖等。

选购保存

选购时挑选花球大、紧实，色泽好，花茎脆嫩的，以花芽尚未开放为佳。握在手里有重量感，无绒毛，可带4~5片嫩叶。菜形端正，近似圆形或扁圆形，无机械损伤。球面干净无沾污，无虫害，无霉斑。花菜最好即买即吃，即使温度适宜也要尽量避免存放超过3天。

花菜汤

食材准备

花菜..100克

高汤..200毫升

制作方法

1 将洗好的花菜切成小块，备用。

2 锅中倒入高汤，煮沸，放入切好的花菜，搅拌均匀。

3 盖上盖，烧开后用小火煮约15分钟至其入味。

4 关火，将煮好的汤料盛入碗中即可。

小贴士

花菜焯水，可缩短烹饪时间。

花菜香菇粥

食材准备

西蓝花 100克

花菜 50克

胡萝卜 50克

大米 150克

香菇、葱花 .... 各少许

盐 2克

制作方法

1. 将洗净去皮的胡萝卜切成丁，洗好的香菇切成细条，洗净的西蓝花、花菜取出菜梗，分别切成小朵。

2. 砂锅中注入适量清水烧开，倒入洗好的大米，盖上盖，用大火煮开后转小火煮40分钟。揭盖，放入切好的香菇、胡萝卜、花菜、西蓝花，搅拌均匀。再盖上盖，继续煮15分钟至食材熟透。

3. 揭盖，放入少许盐，均匀搅拌调味。盛出煮好的粥，撒上葱花即可。

 小贴士

先泡发后再煮大米，能缩短烹调时间。

西红柿烩花菜

食材准备

西红柿	100克
花菜	100克
葱段	少许
盐	4克
番茄酱	10克
水淀粉	5毫升
食用油	适量

制作方法

1 将洗净的花菜切小朵，洗好的西红柿切小块。

2 锅中注水烧开，加入少许盐、食用油，倒入切好的花菜，煮1分钟，至八成熟，捞出，沥干水分，待用。

3 用油起锅，倒入西红柿，翻炒片刻，放入焯过水的花菜，翻炒均匀；再倒入适量水，加入适量盐、番茄酱，翻炒均匀，煮1分钟，至食材入味；用大火收汁，倒入适量水淀粉勾芡，最后放入葱段，快速均匀翻炒即可。

小贴士

花菜不易入味，放完调料后可以多煮一会儿，使其更加入味。

39
千卡/100克

枇杷

- 别名：芦橘、芦枝、金丸、炎果、焦子。
- 性味：性凉，味甘、酸。
- 归经：归肺、脾经。

营养成分

含有糖类、脂肪、纤维素、蛋白质、果胶、鞣质、胡萝卜素、维生素A、B族维生素、维生素C、苹果酸、柠檬酸、钾、磷、铁、钙等。

食用价值

枇杷性凉，味甘、酸，有润肺止咳、止渴、和胃的功效。除润肺止咳的功效外，枇杷富含维生素，其中丰富的维生素C可以帮助提高机体免疫力，进而抵抗外来病毒入侵，从而有预防流感的作用。枇杷中含有丰富的维生素A和胡萝卜素，胡萝卜素的含量在水果中高居第三位，可以帮助改善视力、滋润皮肤，因而日常吃些枇杷可以起到润肤护眼的效果。枇杷中丰富的B族维生素，对促进儿童的身体发育有着十分重要的作用。

饮食宜忌：寒咳、胃寒、体质寒凉的幼儿不宜食用。枇杷性凉，食用后易增加体内的寒凉之气，不利于寒气的散发，易加重身体的不适。

选购保存

选购枇杷的技巧：①看表面。枇杷的表面一般都会有一层绒毛和浅浅的果粉，绒毛完整、果粉保存完好的比较新鲜。②看个头。中等大小的枇杷果实口感会更好。③看颜色。颜色越深的枇杷，说明其成熟度越好，口感也更甜；而色彩淡黄、发青、果肉硬、果皮不容易剥开的，都是不成熟或非正常成熟的枇杷。枇杷应放在干燥通风的地方保存，不宜放入冰箱里冷藏，因为冰箱里水分过多，会导致枇杷变黑，造成营养物质流失。

营养、天然的秋季时令保健食谱

蜜枣枇杷雪梨汤

食材准备

雪梨........................240克

枇杷........................100克

蜜枣........................35克

冰糖........................30克

小贴士

枇杷切好后用淡盐水泡约10分钟，不仅能去除涩味，也可防止其氧化变黑。

制作方法

1 将洗净去皮的雪梨切瓣，去核，再切成小块；将洗好的枇杷切去头尾，去除果皮，再切小块；将蜜枣对半切开待用。

2 砂锅注水烧开，放入蜜枣、枇杷、雪梨，盖上盖，烧开后用小火煮约20分钟。

3 揭开盖，倒入冰糖，搅拌均匀，用大火煮至冰糖溶化即可。

枇杷双米粥

食材准备

水发大米.............................150克

水发小米.............................100克

枇杷.................................100克

 小贴士

小米是碱性的，煮时可以不加盐。

制作方法

1 将洗净的枇杷切去头尾，去皮，把果肉切开，去核，将果肉切成小块，备用。

2 砂锅中注入适量清水烧开，倒入枇杷，放入洗好的小米、大米拌匀。

3 盖上盖，烧开后小火煮约30分钟至食材熟透。

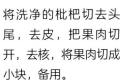

4 揭开盖，搅拌均匀。

5 关火后盛出煮好的粥即可。

207
千卡/100克

紫菜

- 别名：紫英、索菜、灯塔菜。
- 性味：性寒，味甘、咸。
- 归经：归肺经。

营养成分

富含蛋白质、维生素A、维生素C、维生素B_1、维生素B_2、碘、钙、铁、磷、锌、锰、铜等。

食用价值

紫菜营养丰富，含碘量很高，可用于治疗因缺碘引起的甲状腺肿大。紫菜还有软坚散结功能，对其他郁结积块也有功效。紫菜富含胆碱和钙、铁等，能增强记忆力，治疗妇幼贫血，促进骨骼、牙齿的生长和保健，对小孩的生长发育有利。紫菜所含的多糖具有明显增强细胞免疫力和体液免疫力的功能，可促进淋巴细胞转化，提高机体的免疫力，还可显著降低血清胆总固醇的含量。紫菜的有效成分对艾氏癌的抑制率为53.2%，有助于脑肿瘤、乳腺癌、甲状腺癌、恶性淋巴瘤等肿瘤的防治。

饮食宜忌：胃肠消化功能不好或腹痛便溏的宝宝应少吃紫菜。

选购保存

选购紫菜时，以表面光滑润泽，呈紫褐色或紫红色，有光泽，片薄，大小均匀，入口味鲜而不咸，有紫菜特有的清香，质嫩体轻，干燥，无杂质者为上品。若凉水浸泡后呈蓝紫色，说明紫菜在干燥、包装前已被有毒物污染，这种紫菜对人体有害，不能食用。

紫菜的保质期一般是3～6个月，紫菜属于海产品，容易受潮变质，应将其装入黑色食品袋，置于低温干燥处或放入冰箱中保存。

紫菜豆腐羹

食材准备

豆腐...........................260克
西红柿 65克
鸡蛋..............................1个
水发紫菜......................200克
葱花..............................少许
盐 2克
芝麻油、水淀粉、食用油...各适量
生姜..............................5克

制作方法

1 将洗净的西红柿切成小丁，洗好的豆腐切成小方块。鸡蛋打入碗中，打散，制成蛋液。

2 锅中注水烧开，倒入少许食用油，放入切好的西红柿，略煮片刻；倒入豆腐、生姜，加入少许盐，放入洗净的紫菜，拌匀，用大火煮约2分钟，至食材熟透。

3 倒入水淀粉勾芡，倒入蛋液，边倒边搅拌，至蛋花成形。淋入少许芝麻油，搅拌均匀，撒上葱花即可。

西红柿紫菜蛋花汤

食材准备

西红柿 80克

鸡蛋...1个

水发紫菜 40克

盐 2克

食用油 ....适量

制作方法

1 将洗好的西红柿切成丁；鸡蛋打入碗中，用筷子打散，调匀，制成蛋液。

2 用油起锅，倒入西红柿，翻炒片刻，加入适量清水，煮至沸腾，放入洗净泡发好的紫菜，加入适量盐，搅拌均匀。

3 倒入蛋液，搅散，继续搅动至蛋花浮起即可。

 小贴士

煮蛋花时宜用小火，这样煮出来的蛋花更美观。

扫一扫
美味跟着学

营养、天然的秋季时令保健食谱

紫菜冬瓜汤

食材准备

水发紫菜 20克

冬瓜 40克

姜片 .... 少许

盐 2克

食用油 .... 适量

制作方法

1 将洗净的冬瓜切去皮，切小片。

2 锅中注油烧热，放入姜片，爆香，注入适量清水烧开。

3 倒入切好的冬瓜片和泡发好的紫菜，拌匀，煮沸；加入盐，拌匀，煮至食材熟软即可。

扫一扫
美味跟着学

 小贴士

冬瓜片最好切得厚薄一致，能使其受热均匀。

61
千卡/100克

马蹄

- 别名：荸荠、乌芋、地栗、地梨。
- 性味：性寒，味甘。
- 归经：归肺、胃、大肠经。

营养成分

含有蛋白质、脂肪、粗纤维、胡萝卜素、维生素B、维生素C、铁、钙、磷和碳水化合物等。

食用价值

中医认为，马蹄是寒性食物，既可清热泻火，又可补充营养，具有凉血解毒、利尿通便、化湿祛痰、消食除胀、治咽喉肿的功效。马蹄中的磷元素含量是根茎类蔬菜中比较高的，对牙齿骨骼的发育有很大好处。马蹄含有较多的水分，对于发烧初期的患者，特别是不愿意喝水的宝宝有非常好的间接退烧作用。马蹄含有一种不耐热的抗菌成分——荸荠英，它对金黄色葡萄球菌、大肠杆菌等均有一定的抑制作用，并能抑制流感病毒。因此，在呼吸道传染病较多的季节，宝宝常吃鲜马蹄有利于疾病的防治。荸荠英还对肺部、食道和乳腺的癌肿有防治作用。

饮食宜忌：马蹄性寒，一次不宜吃太多，以免造成腹泻腹痛等。建议本身脾胃较弱的宝宝1岁以后再吃，一次也不要吃太多。

选购保存

马蹄宜挑选个大、厚实、饱满的，表面没有裂口，颜色深、紫红色的比较好。选购时可用手捏一捏，如果比较硬，说明质量比较好；反之则质量不佳。

鲜马蹄买回家后，在表面洒上少量水，再用保鲜袋装好，放入冰箱冷藏，可以保存2周左右，不过味道可能会变淡。

马蹄雪梨汁

食材准备

去皮马蹄 90克

雪梨 150克

 小贴士

若宝宝喜欢甜食，也可以加入少许黄糖。

制作方法

1 将洗净去皮的马蹄切成小块。

2 将洗好的雪梨去皮，对半切开，去核，切成小块。

3 取榨汁机，选择搅拌刀座组合，放入雪梨、马蹄，倒入适量温开水，榨取果蔬汁。

马蹄胡萝卜饺子

食材准备

马蹄.................................150克

胡萝卜 150克

熟猪油 20克

饺子皮 ....数张

盐 2克

芝麻油 3毫升

制作方法

1 将洗净去皮的马蹄切成粒，洗好的胡萝卜切成粒。

2 锅中注水烧开，放入胡萝卜，略煮片刻，再倒入马蹄，煮至断生，捞出，沥干水分，盛入碗中，加入盐，放入熟猪油、芝麻油，搅拌均匀，制成胡萝卜马蹄馅。

3 取饺子皮，放入适量馅，收口，制成饺子生坯。

4 取蒸盘，在盘底刷上一层食用油，放上饺子生坯。将蒸盘放入烧开的蒸锅中，用大火蒸4分钟，至饺子生坯熟透即可。

🥕 小贴士

胡萝卜焯水的时间可稍微长一些，这样可以减淡其味道，以免盖过其他食材的味道。马蹄性寒，不宜多吃。

马蹄银耳汤

营养、天然的秋季时令保健食谱

食材准备

马蹄	40克
水发银耳	50克
枸杞	少许
冰糖	10克

制作方法

1 将洗净去皮的马蹄切成片；洗好的银耳切去黄色根部，切成小块。

2 锅中注水烧开，放入银耳，倒入马蹄，盖上盖，用小火煮30分钟。

3 揭盖，放入冰糖，搅拌均匀，煮至冰糖完全溶化。

4 出锅前放入少许洗净的枸杞，搅拌片刻即可。

扫一扫
美味跟着学

 小贴士

银耳可以焯水后再煮，这样更容易煮烂。

95
千卡/100克

山楂

- 别名：山里红、酸楂。
- 性味：性微温，味酸、甘。
- 归经：归肝、胃、大肠经。

含有糖分、维生素C、维生素E、胡萝卜素、蛋白质、淀粉、苹果酸、枸橼酸、钙、铁等。

食用价值

中医认为，山楂具有消积化滞、收敛止痢、活血化瘀等功效。主治饮食积滞、胸膈痞满、疝气、血瘀、闭经等症。山楂中含有山萜类及黄酮类等药物成分，具有扩张血管及降压的显著作用，有增强心肌、抗心律不齐、调节血脂及胆固醇含量的功效。一般人皆可食用，儿童、老年人、消化不良者尤其适合食用。伤风感冒、消化不良、食欲不振、儿童软骨缺钙症、儿童缺铁性贫血者可多食山楂片。另外，山楂富含维生素C、维生素E等多种维生素，能起到抗氧化作用，有利于增强身体免疫力，提高防病能力。

饮食宜忌： 山楂只消不补，脾胃虚弱者不宜多食。儿童宜少食。

选购保存

挑选山楂时，一看果形，果形扁圆的偏酸，近似正圆的偏甜。二看果点，山楂表皮上多有点，果点密而粗糙的酸，小而光滑的甜。三看果肉颜色，果肉呈白色、黄色或红色的甜，绿色的酸。四看果肉质地，果肉软而绵的甜，硬而质密的偏酸。

保存鲜山楂，应先擦干其表面的水分，用保鲜袋密封起来，把里面的空气挤出，再放入冰箱里冷藏。

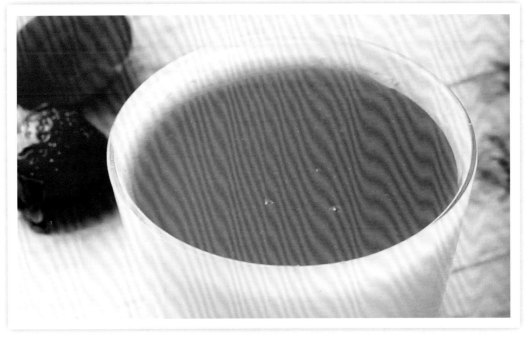

山楂果茶

食材准备

胡萝卜 120克

新鲜山楂 90克

冰糖 15克

小贴士

山楂切开后用温开水清洗，可有效减轻其酸味。

制作方法

1. 将洗净去皮的胡萝卜切成小块；洗净的山楂切开，去除果蒂和果核，切成小块待用。

2. 取榨汁机，选择搅拌刀座组合，倒入切好的食材，注入适量矿泉水，榨取蔬果汁。

3. 砂锅置火上，倒入榨好的蔬果汁，用大火煮片刻；再放入适量冰糖，搅拌均匀，转中火拌煮一会儿，至冰糖溶化即可。

334
千卡/100克

莲子

- 别名：莲肉、白莲子、湘莲子、石莲肉。
- 性味：鲜品性平，味甘、涩；干品性温，味甘、涩。
- 归经：归心、脾、肾经。

营养成分

　　钙、磷和钾的含量非常丰富，还含有莲心碱、芸香、牛角花糖甙、乌胺、淀粉、棉子糖、蛋白质、脂肪及铁盐等成分。

食用价值

　　中医认为莲子性平，味甘、涩，入心、脾、肾经，能补脾止泻、益肾涩清、养心安神。莲子不仅具有养生保健的功效，还具有非常高的药用价值，可以缓解人体疲劳，提高机体的免疫功能，降低患疾病的风险。莲子含有丰富的蛋白质、脂肪和碳水化合物，钙、磷和钾的含量也非常丰富，除可以构成骨骼和牙齿的成分外，还有促进凝血、使某些酶活化、维持神经传导性、镇静神经、维持肌肉伸缩性和心跳节律等作用。丰富的磷还是细胞核蛋白的主要组成部分，能够帮助机体进行蛋白质、脂肪、糖类代谢。莲子有养心安神的功效，还可以健脑，增强记忆力。小孩子吃莲子有补气补肝肾、促进生长发育的效果。

　　饮食宜忌： 莲子有收敛作用，对脾虚便溏、腹泻者较适宜，但肠燥便秘之人，吃莲子反而会加重便秘。

选购保存

　　优质莲子颗粒较大，大小均匀，表面整齐没有杂质，颜色为淡黄色，有明显的光泽。而劣质的莲子通常个儿小，颗粒大小不均匀，表面发白，没有光泽。

　　干莲子用保鲜袋或真空罐装好，再放在冰箱的保鲜层，可以存放半年左右。

牛奶莲子汤

食材准备

牛奶..150毫升

水发莲子.................................. 30克

白糖... 5克

制作方法

1 锅中注水烧开，放入泡发好的莲子，盖上盖，用大火煮开后转小火继续煮40分钟至熟软。

2 揭开盖，加入白糖，搅拌至白糖完全溶化。

3 倒入牛奶，稍煮片刻即可。

小贴士

煮牛奶的时候要用小火，快要煮沸时关火，以免高温破坏牛奶中的营养物质。

扫一扫
美味跟着学

莲子糯米糕

食材准备

水发糯米 200克

水发莲子 150克

白糖 .... 适量

制作方法

1 锅中注入适量清水烧热，倒入洗净的莲子，盖上盖，烧开后用中小火煮约25分钟，至其变软。

2 关火后捞出煮好的莲子，沥干水分，放入碗中，剔除莲子芯，碾成粉末，加入糯米，注入少量清水，混合均匀，转入蒸盘中，铺开、摊平，待用。

3 蒸锅上火烧开，放入蒸盘，用大火蒸约30分钟，至食材熟透。关火后取出蒸好的食材，待放凉后盛入模具中，修好形状，再摆放在盘中，脱模，食用时撒上少许白糖即可。

小贴士

把材料转入蒸盘时可撒上少许白糖，这样糕点的口感会更好。

莲子炖猪肚

食材准备

猪肚	200克
水发莲子	100克
姜片、葱段	各少许
盐	2克
料酒	7毫升

制作方法

1 将洗净的猪肚切开，再切条形。锅中注水烧开，放入猪肚条，淋入少许料酒，拌匀，煮约1分钟，捞出，沥干水分待用。

2 砂锅中注入适量清水烧开，倒入姜片、葱段，放入汆过水的猪肚，倒入洗净的莲子，淋入少许料酒，盖上盖，烧开后用小火煮约2小时，至食材熟透。

3 揭盖，加入少许盐，拌匀，用中火煮至食材入味即可。

小贴士

用刀将猪肚内壁的白膜去掉后再煮，猪肚会更加滑嫩爽口。

351
千卡/100克

芡实

- 别名：鸡头米、鸡头莲、刺莲。
- 性味：性平，味甘、涩。
- 归经：归脾、肾经。

芡实被喻为"水中人参"，古药书中说它是"婴儿食之不老，老人食之延年"的粮菜佳品。具有补而不峻、防燥不腻的特点，是秋季进补的首选食物。芡实有补脾止泻的功效，因而对于脾脏虚弱的人群有一定的调理作用，同时还可以通过健脾的功效起到祛湿的作用。芡实含有丰富的淀粉、碳水化合物以及维生素等成分，其中丰富的淀粉和碳水化合物可以为机体提供足够的能量，起到滋补作用。芡实一方面可以改善脾虚、脾湿引起的腹泻问题；另一方面有较强的收敛作用，可以止泻。

饮食宜忌： 芡实具有收涩的作用，对于婴幼儿，应控制好量，以免影响其消化功能。

选购保存

好的芡实色泽白亮，形状圆整，无破损及附着粉状细粒，无异味；外观色白但光泽不足、色萎的质地梗性；色带黄则可能是陈货，其质地也是梗性。芡实要选干燥的，否则易霉变。鉴别芡实是否干燥可以用口咬来判断，松脆易碎的较干燥，略带韧性的较潮湿。

应将芡实放在阴凉、干燥、通风较好的地方。因芡实含有丰富的淀粉，在贮藏过程中有受到虫蛀的风险。

营养成分

含有大量的淀粉、蛋白质、脂肪、碳水化合物、粗纤维、维生素B₁、维生素B₂、维生素C以及钙、磷、铁、核黄素和抗坏血酸、树脂等。

芡实核桃糊

食材准备

红枣 3个

芡实 150克

核桃仁 50克

白糖 .... 适量

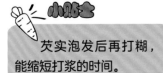

芡实泡发后再打糊，能缩短打浆的时间。

制作方法

1 将洗净的红枣对半切开，去核。

2 取豆浆机，倒入红枣、核桃仁、芡实，注入适量温开水，加入少许白糖，开始打糊。

3 待豆浆机运转约15分钟，即成芡实核桃糊。

芡实豆浆

食材准备

水发芡实 30克
水发黄豆 50克

制作方法

1 将已浸泡8小时的黄豆倒入碗中，放入芡实，加入适量清水，搓洗干净，再倒入滤网中，沥干水分。

2 把洗好的材料倒入豆浆机中，注入适量纯净水，开始打浆。

3 待豆浆机运转约20分钟，即成浆液。把煮好的浆液倒入滤网，滤取芡实豆浆。

芡实的淀粉含量较多，因此可多加一些水，以免浆液太稠。

芡实百合香芋煲

食材准备

芡实..50克

鲜百合...30克

芋头..100克

虾仁..6个

牛奶...250毫升

盐...3克

制作方法

1 砂锅中注入适量清水，倒入泡好的芡实，盖上盖，用大火煮开后转小火煮约30分钟至熟软。

2 揭盖，倒入切好的芋头，拌匀。再次盖上盖，用大火煮开后转小火煮约20分钟至熟软。

3 揭盖，加入百合、牛奶，拌匀，用中火煮开；倒入洗净已去虾线的虾仁，稍煮至变色；加入盐，搅拌均匀，用中火煮开即可。

小贴士

煮芋头的时候需要不时开盖搅拌一下，以免粘锅。

357
千卡/100克

薏米

- 别名：六谷米、药玉米、薏苡仁、菩提珠。
- 性味：性凉，味甘、淡。
- 归经：归脾、胃、肺经。

营养成分

含有蛋白质、脂肪、碳水化合物、维生素B$_1$、薏米酯、薏米油、三萜化合物和各类氨基酸。

食用价值

薏米的营养价值很高，被誉为"世界禾本科植物之王"和"生命健康之禾"。中医认为，薏米具有健脾、补肺、清热、利湿的作用，而且特别容易消化吸收，是很好的食疗食物，因此适合脾胃虚弱而导致消化不良的宝宝食用。薏米含有多种维生素和矿物质，有促进新陈代谢和减轻胃肠负担的作用。薏米中含有一定的维生素E，是一种美容食品，常食可以保持宝宝皮肤光泽细腻，改善肤色。薏米中含有的硒元素能有效抑制癌细胞的繁殖，宝宝常吃薏米，能减少肿瘤的发病概率。

饮食宜忌： 薏米有非常强的利尿作用，并且薏米所含的醣类黏性较大，可以加重便秘，所以吃太多可能会妨碍消化，便秘的患者最好不要吃薏米。

选购保存

挑选薏米时，要选有光泽、呈均匀白色或者黄白色的。可以闻一闻有没有香味，越香则越新鲜，其中会有一些中药味。用手捏一捏，一捏就碎的薏米说明品质不好，不宜购买。若要检查薏米有没有受潮，放一颗到嘴里，咬一下，如果有破碎，说明没有受潮。

薏米在保存前放在太阳下晒30分钟左右，然后分袋装入保鲜袋，打好包，放入干燥的密封罐中，或放入冰箱冷藏，可以防虫蛀。

Chapter 2

营养、天然的秋季时令保健食谱

莲子薏米粥

食材准备

薏米	30克
莲子	20克
红枣	5颗
冰糖	10克

制作方法

1 锅中注入适量清水烧开，倒入已浸泡好的莲子、薏米以及洗净的红枣，搅拌均匀。

2 盖上盖，烧开后用小火煮约60分钟，至食材熟软。

3 揭开盖，加入冰糖，搅拌均匀，继续煮约1分钟至冰糖溶化即可。

红枣可提前去核，食用时会更方便。

扫一扫
美味跟着学

162
千卡/100克

百合

- 别名：倒仙、玉手炉。
- 性味：性微寒，味甘。
- 归经：归心、肺经。

营养成分

含有淀粉、蛋白质、钙、磷、铁、镁、锌、硒、维生素B_1、维生素B_2、维生素C、泛酸、胡萝卜素等营养素，还含有一些特殊功效的营养成分，如秋水仙碱、百合甙AB等多种生物碱。

食用价值

中医认为，百合味甘、微苦，性微寒，具有养心安神润肺、止咳的功效。百合既是甜美的食品，也是有益的药物。宝宝吃百合能补充能量及维生素B_1、维生素B_2、钙、磷、钾等营养成分。百合还能润肺止咳、清心安神，可用于肺虚久咳、虚烦惊悸及热病后余热未清、心烦口渴等症。百合富含钾，有利于加强肌肉兴奋度，促使代谢功能协调，使皮肤富有弹性。百合还含有一种水解秋水仙碱，有滋养安神作用，宝宝食用后能提高睡眠质量。食用百合能增进大肠功能，促进排便通畅，预防宝宝便秘。

饮食宜忌： 百合虽营养价值高，但并不是所有人都适合，风寒咳嗽、虚寒出血、脾胃不佳者不宜食用。

选购保存

选购百合干，一要看片张大小，片张大而均匀，肉质肥原的质量比较好，片张过小过薄的，可能是采摘过早的嫩片，烧煮时间长了容易糊。二要看外表颜色，玉白色、表面干净无斑点的质量比较好，色白带黄褐色、光泽灰暗的质量差。

将干百合放入干净干燥的密封罐中，放在通风阴凉干燥处或者放入冰箱保存。

百合南瓜露

食材准备

南瓜.............................150克

鲜百合 30克

白糖.............................10克

小贴士

南瓜去皮时要切得薄些，以免丢失过多的营养物质。

制作方法

1 把去皮洗净的南瓜切成小块。

2 锅中注入约500毫升水，用大火烧开，放入切好的南瓜，盖上盖，用大火煮约10分钟至食材断生。

3 揭盖，倒入洗净的百合，用大火煮沸后放入白糖，拌匀，用中火煮约5分钟，至食材熟透即可。

食材准备

鲜百合 10克

水发黄豆 50克

白糖 ....适量

制作方法

1 将已浸泡8小时的黄豆倒入碗中，
   加入适量清水，搓洗干净，再倒入
   滤网中，沥干水分。

2 将洗好的黄豆、百合倒入豆浆机
   中，注入适量纯净水，开始打浆。

3 待豆浆机运转约15分钟，即成浆
   液。把打好的浆液倒入滤网中，滤
   取百合豆浆。

新百合使用前要浸泡在水中，否则容易变黑。

食材准备

鲜百合 50克

红枣..100克

冰糖..20克

制作方法

1 蒸锅上火烧开，放入装有红枣的蒸盘，盖上锅盖，蒸20分钟。

2 将蒸盘取出，把备好的百合、冰糖摆放在红枣上，再次放入烧开的蒸锅中。

3 盖上锅盖，继续蒸5分钟即可。

小贴士

蒸之前可以先在红枣上划一道口子，这样蒸熟的红枣口感会更好。

200
千卡/100克

银耳

- 别名：白木耳、雪耳、银耳子。
- 性味：性平，味甘、淡。
- 归经：归肺、胃、肾经。

银耳的营养价值很高，是一种珍贵的滋养性食品和补药，小孩子适量食用能收到滋补的效果。银耳含有比较多的天然维生素D成分，儿童能通过食用银耳补充维生素D，防止钙的流失，促进生长发育，尤其是对一些缺乏维生素D的儿童来说效果更好。银耳中除了富含胶质，还含有大量多糖类，如海藻糖、多缩戊糖、甘露糖醇等肝糖，能增强人体免疫力，调动淋巴细胞，加强白细胞的吞噬能力。银耳含较多的纤维素，能促进肠壁的蠕动，润滑肠道，刺激排便，可以起到预防便秘的作用。银耳还具有清热、润燥、解毒、护肝等功效，儿童出现上火症状时，可以适量食用银耳，对降火有一定帮助。

饮食宜忌：银耳能清肺热，故外感风寒者忌食。此外，忌食霉变银耳，霉变后银耳会产生很强的毒素，对身体危害极大，严重者甚至会导致死亡。

营养成分

富含维生素D、蛋白质、膳食纤维、多种氨基酸、钙、磷、铁、钾、钠、镁、硫等矿物质，其中钙、铁的含量很高，还含有海藻糖、多缩戊糖、甘露糖醇等肝糖。

选购保存

银耳以颜色黄白、新鲜有光泽、瓣大、清香、有韧性、胀性好、无斑点杂色、无碎渣的品质最佳。质感较差的银耳色泽不纯或带有灰色，没有韧性，耳基未除尽，胀性差。

银耳易受潮，可先装入密封罐中，再放于干燥、阴凉、没有阳光直射的地方保存。

银耳枸杞炒鸡蛋

扫一扫
美味跟着学

食材准备

水发银耳........................40克

鸡蛋................................1个

枸杞................................5克

葱花............................少许

盐....................................2克

食用油........................适量

制作方法

1 将洗好的银耳切去黄色根部，切成小块。鸡蛋打入碗中，加入少许盐，打散。

2 锅中注水烧开，倒入切好的银耳，拌匀，煮半分钟，捞出，沥干水分待用。

3 用油起锅，倒入蛋液，炒熟盛出，待用。

4 锅中再次注入适量食用油，倒入焯过水的银耳，放入炒熟的鸡蛋，翻炒均匀；加入盐，炒匀调味；倒入洗净的枸杞，加入葱花，翻炒均匀即可。

枇杷银耳汤

食材准备

枇杷..100克

水发银耳..................................150克

白糖..适量

制作方法

1. 将洗净的枇杷去除头尾，去皮，把果肉切开，去核，切成小块；将洗好的银耳切去根部，切成小块，备用。

2. 砂锅中注水烧开，倒入枇杷、银耳，搅拌均匀，盖上盖，烧开后用小火煮约30分钟至食材熟透。

3. 揭开盖，加入白糖，搅拌均匀，用大火略煮片刻至白糖溶化即可。

 小贴士

加入白糖后可以边煮边搅拌，这样白糖更易溶化。

木瓜银耳汤

食材准备

木瓜.....................................100克

枸杞..10克

水发莲子................................50克

水发银耳..............................100克

冰糖..20克

制作方法

1 将洗净的木瓜切块，将洗净泡发的银耳切成小块待用。

2 砂锅注水烧开，倒入木瓜、银耳，加入泡好的莲子，搅匀，加盖，用大火煮开后转小火继续煮30分钟至食材变软。

3 揭盖，倒入枸杞，放入冰糖，搅拌均匀。加盖，继续煮10分钟至食材熟软入味即可。

 小贴士

需事先把银耳的黄色根部去除，以免影响口感。

营养、天然的秋季时令保健食谱

Chapter 2

125
千卡/100克

红枣

- 别名：大枣、大红枣、姜枣、良枣、干枣。
- 性味：性温，味甘。
- 归经：归心、脾、肝经。

营养成分

含有多种氨基酸、糖类、有机酸、黏液质、维生素A、维生素C、维生素B_2及钙、磷、铁等矿物质。

食用价值

红枣被誉为"百果之王"，《本草纲目》中记载，"枣味甘、性温，能补中益气、养血生津"，身体虚弱、消化不良、贫血消瘦的人可以常吃。红枣不仅是人们喜爱的果品，也是一味滋补脾胃、养血安神、治病强身的良药。大枣多糖是红枣中重要的活性物质，其有明显的补体活性和促进淋巴细胞增殖作用，可提高机体免疫力，增强抗病能力。红枣还含有大量的维生素C、核黄素、维生素B_1、胡萝卜素、烟酸等多种维生素，具有较强的补养作用，能增强人体免疫功能。红枣含有丰富的维生素C，有很强的抗氧化活性及促进胶原蛋白合成的作用，可参与组织细胞的氧化还原反应，能够促进生长发育、补充体力、缓解疲劳。

饮食宜忌： 枣皮属于角质粗纤维，质地比较硬，不容易被消化，所以消化不良、腹胀、便秘的人不适合多吃。幼儿的消化系统发育尚不完全，也不宜多食。

选购保存

选购红枣的小窍门：一看外表。红枣晒干后表面是有皱褶的，而且有的可能会有一些自然斑点。二看颜色。没被硫黄熏过的红枣颜色不一致，有深有浅。三闻气味。把红枣掰开后闻一闻，正常大枣散发出清香味，硫黄熏过的红枣散发出酸且刺鼻的气味。

将红枣密封在塑料袋中，放入冰箱冷藏。

红枣蒸南瓜

食材准备

南瓜..............................200克
红枣..............................少许

制作方法

1 将去皮洗净的南瓜切成片，洗净的红枣切开后去核，切成小瓣。将切好的南瓜装入蒸碗中，放上切好的红枣，待用。

2 蒸锅上火烧开，放入蒸碗。

3 盖上盖，用中火蒸约15分钟至食材熟透即可。

小贴士

若喜欢绵软的口感，蒸制的时间可稍微延长，但要注意改用小火蒸。

扫一扫
美味跟着学

红枣枸杞米糊

食材准备

大米..50克

红枣..20克

枸杞..10克

制作方法

1 把洗净的红枣切开，去除果核，再切成丁。

2 取榨汁机，选择搅拌刀座组合，放入洗好的枸杞，倒入红枣丁，再倒入泡发的米碎，把全部食材搅打成碎末，即成红枣米浆。

3 汤锅上火烧开，倒入红枣米浆，拌匀，用小火煮片刻至米浆呈糊状即可。

小贴士

　　将红枣碎放入蒸锅蒸一会儿再搅打，既能节省时间，又易将红枣搅碎。

红枣小米粥

食材准备

水发小米 100克

红枣 5个

制作方法

1 砂锅注水烧开，倒入洗净的红枣，盖上盖，用中火煮约10分钟，至其变软，捞出，晾凉后切开，去核，取果肉切碎。

2 砂锅中再次注入适量清水，倒入备好的小米，盖上盖，烧开后用小火煮约20分钟至其变软。

3 揭盖，倒入切碎的红枣，搅散拌匀，略煮一会儿即可。

小贴士

煮红枣的时间不宜太长，以免降低食材的营养价值。

43
千卡/100克

橘子

- 别名：福橘、蜜橘、大红袍、黄橘。
- 性味：性温，味甘、酸。
- 归经：归肺、脾、胃经。

含有蛋白质、碳水化合物、钙、磷、铁、钾、胡萝卜素、维生素B$_1$、维生素B$_2$、烟酸、维生素C、葡萄糖、果糖、蔗糖、苹果酸、柠檬酸。

食用价值

橘子可谓全身都是宝，不仅果肉的药用价值较高，其皮、核、络、叶都是地道"药材"。橘子具有润肺、止咳、化痰、健脾、顺气、止渴的药效，是男女老幼皆宜的上乘果品。橘子营养丰富，含大量胡萝卜素、维生素C及糖分等，能够为宝宝的生长发育提供营养。橘子内侧薄皮含有膳食纤维及果胶，可以促使通便，有缓解便秘的作用，而且橘子还可以降低胆固醇。橘子还含有丰富的柠檬酸，具有消除疲劳的作用。橘皮有止咳化痰的功效，因此当宝宝咳嗽时可以适当吃一些橘皮，但橘肉反而生热生痰。

饮食宜忌： 中医认为橘子性温，因此风热咳嗽、痰热咳嗽者不宜食用。

选购保存

橘子以中等个头为最佳，太大的皮厚、肉实不饱满、甜度差；小的可能生长得不够好，口感较差。多数橘子的外皮颜色是从绿色慢慢过渡到黄色，最后是橙黄或橙红色，所以颜色越红，通常熟得越好，也越甜。

橘子在常温下保存时，要保持低温，保持橘子表面干燥，并放在通风干净的地方保存。在这样的环境下通常可保存1周左右。

橘子稀粥

食材准备

水发米碎 90克

橘子果肉 60克

制作方法

1 取榨汁机，选择搅拌刀座组合，放入橘子果肉，注入适量纯净水，榨取果汁，过滤，待用。

2 砂锅注水烧开，倒入洗净的米碎，搅拌均匀，盖上盖，烧开后用小火煮约20分钟至其熟软。

3 揭盖，倒入橘子汁，搅拌均匀即可。

橘子汁不宜煮太久，以免影响成品的口感。

44
千卡/100克

梨

- 别名：鸭梨、白梨。
- 性味：性寒，味甘、微酸。
- 归经：归肺、胃经。

含有蛋白质、脂肪、糖类、粗纤维、灰分、镁、硒、钾、钠、钙、磷、铁、胡萝卜素、维生素B_1、维生素B_2、维生素C及膳食纤维。

食用价值

梨有润喉润嗓的作用，在干燥的秋冬季节进食，喉咙不易出现不适症状，能起到补充津液的作用。许多儿童比较好动，经常在户外追逐打闹，容易导致身体缺水，可以进食梨子补充水分，有解渴的作用。身体虚弱、抵抗力较差的儿童适合吃梨，可以补充大量营养物质。梨的铁元素含量较多，能够预防儿童缺铁性贫血，也可以帮助改善贫血症状。梨还能够预防感冒，改善呼吸道疾病，特别是在换季或者流感阶段，经常给孩子吃梨可以有效抵抗感冒病毒，还能缓解感冒引起的咳嗽、咳痰以及咽喉不适等症状。

饮食宜忌： 梨性寒，含糖分较多，因此慢性肠炎、胃寒病、糖尿病患者忌食生梨。

选购保存

挑选梨，首先要观察外表，包括梨皮。如果梨皮看起来较厚，则说明果实粗糙并且水分不足。应该挑选看起来梨皮细薄、没有疤痕的梨。第二要看梨脐，梨脐深的为母梨。梨脐看起来较深，周围光滑整齐，具有规则性的圆形梨较好。第三要看形状，形状端正规则的梨，果肉鲜嫩，水分充足，香甜可口。

买回的梨置于室内阴凉角落处保存即可。

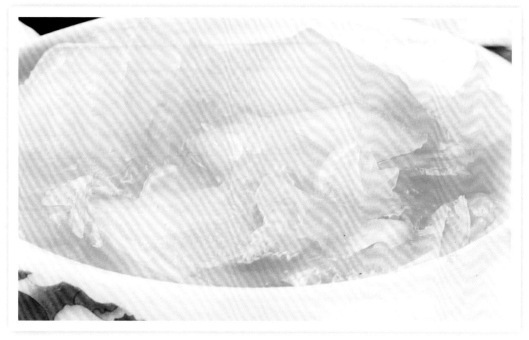

银耳雪梨汤

食材准备

雪梨.............................100克

水发银耳.......................150克

冰糖.............................10克

小贴士

银耳放入汤锅中煮沸时，可以加入少许粗盐，不仅能去除其异味，还能使口感更滑嫩。

制作方法

1 将洗净的银耳切成小朵，将去皮洗净的雪梨切成小块。

2 汤锅中倒入适量清水，放入银耳，煮沸，捞出，沥干水分待用。

3 另起锅，注入适量清水烧热，倒入雪梨，再放入煮过的银耳，加入冰糖，搅拌至白糖溶化后，用小火煮约15分钟至食材熟透即可。

雪梨稀粥

食材准备

水发米碎 100克

雪梨 50克

制作方法

1 将洗好的雪梨切开，去核，把果肉切成小块。

2 取榨汁机，选择搅拌刀座组合，倒入雪梨，注入少量清水，榨取雪梨汁，过滤待用。

3 砂锅注水烧开，倒入米碎，搅拌均匀，盖上盖，烧开后用小火煮约20分钟至熟。揭盖，倒入雪梨汁，拌匀，用大火煮2分钟即可。

 小贴士

雪梨若不去皮，润肺效果会更好。

112

食材准备

去皮雪梨.....................................1个

红枣...3颗

冰糖...10克

制作方法

1 将洗净去皮的雪梨切开，去核，把果肉切成小块。

2 锅中注水烧开，倒入雪梨，加入红枣，拌匀，盖上盖，用大火煮开后转小火，继续煮20分钟至食材熟软。

3 揭盖，加入冰糖，搅拌至冰糖溶化即可。

若不喜欢太软的口感，可先放入红枣，煮10分钟左右后再放入雪梨。

64
千卡/100克

甘蔗

- 别名：薯蔗、糖蔗、黄皮果蔗。
- 性味：性平，味甘。
- 归经：入肺、脾、胃经。

营养成分

含有蔗糖、果胶、葡萄糖、碳水化合物、天门冬素、天门冬氨酸、丙氨酸、缬氨酸、丝氨酸、苹果酸、柠檬酸、蛋白质、脂肪及钙、磷、铁等矿物质。

食用价值

甘蔗汁多味甜，营养丰富，是果中佳品，其中的蔗糖、葡萄糖及果糖含量达12%。甘蔗中含有丰富的糖分与钠、钙、镁等矿物质，还有充足的胡萝卜素，能够满足儿童的营养需要。甘蔗中含有大量的铁、钙、磷、锰、锌等人体必需的微量元素，特别是铁在水果中含量最高，而铁是血液生成的必需微量元素。甘蔗中的铁元素进入人体血液后，可以有效帮助造血，同时还可以起到滋养润燥的功效。故甘蔗素有"补血果"的美称，也被称作"天然复脉汤"。

饮食宜忌： 甘蔗性凉，因此脾胃虚寒、胃腹寒疼的儿童不宜食用。

选购保存

一般来说，甘蔗粗细要均匀，不宜选过细或过粗，可以选择相对中等粗细的甘蔗。要选比较直的，不要选弯曲的，弯曲的甘蔗甜度和口感都可能不佳。选择紫皮甘蔗时，皮泽光亮、挂有白霜、颜色越黑则越好。颜色越深说明甘蔗越老，越老越甜，所以皮色黑的老甘蔗最甜。

去皮后的甘蔗切小段，不要淋水，也不要用保鲜膜包裹，直接放到干净的盘子上，放在冰箱中，温度调为5～10℃，能存放2～3天。

圣女果甘蔗马蹄汁

食材准备

圣女果 100克

去皮马蹄 50克

甘蔗.............................100克

小贴士

榨甘蔗汁时不宜加太多水，以免影响口感。

制作方法

1 将洗净去皮的马蹄对半切开，处理好的甘蔗切成小块。

2 取榨汁机，放入甘蔗块，倒入适量温开水，榨取甘蔗汁，过滤待用。

3 榨汁机中再倒入圣女果、马蹄，加入榨好的甘蔗汁，榨取果汁。

甘蔗雪梨牛奶

食材准备

雪梨...100克

甘蔗...100克

牛奶.......................................150毫升

冰糖...10克

制作方法

1. 将洗净去皮的甘蔗切成小块；洗好的雪梨切开，去核，果肉切成小块。

2. 砂锅注水烧开，倒入切好的甘蔗、雪梨，盖上盖，烧开后用小火炖20分钟。揭盖，放入冰糖，搅拌均匀，再盖上盖，用小火炖5分钟。

3. 揭开盖，倒入备好的牛奶，搅拌均匀，煮至将沸即可。

倒入牛奶后应不时搅拌，以免糊锅。

甘蔗茯苓瘦肉汤

食材准备

猪瘦肉	200克
甘蔗段	100克
茯苓	20克
茅根	10克
胡萝卜	80克
玉米	100克
姜片	少许
盐	2克

制作方法

1 将去皮洗净的胡萝卜切成滚刀块，洗好的玉米切成小件，洗净的甘蔗切成小段，洗净的猪瘦肉切块。

2 锅中注水烧开，倒入猪瘦肉块，拌匀，汆煮约1分钟，去除血渍后捞出，沥干水分待用。

3 砂锅注水烧热，倒入猪瘦肉块，放入玉米、胡萝卜，撒上姜片，倒入茯苓、茅根、甘蔗，盖上盖，烧开后转小火煮约2小时。揭盖，加入少许盐，拌匀即可。

小贴士

甘蔗段可再改切成小段，食用起来更方便一些。

43
千卡/100克

葡萄

- 别名：草龙珠、山葫芦。
- 性味：性平，味甘、酸。
- 归经：归肺、脾、肾经。

营养成分

含有蛋白质、脂肪、碳水化合物、葡萄糖、果糖、蔗糖、铁、钙、磷、钾、硼、胡萝卜素、维生素B₁、维生素B₂、烟酸、维生素C、酒石酸、草酸、柠檬酸、苹果酸。

食用价值

葡萄富含葡萄糖、维生素和多种矿物质，具有很高的营养价值，葡萄汁被科学家誉为"植物奶"。葡萄中含较多酒石酸，有促进消化的作用，适当吃些葡萄能健脾胃，对儿童的身体大有好处。葡萄的含糖量很高，为10%～25%，在葡萄所含的较多糖分中，大部分是容易被人体直接吸收的葡萄糖，所以消化能力较弱的幼儿可以多吃些葡萄。从中医的角度而言，葡萄有舒筋活血、开胃健脾、助消化等功效，其含铁量丰富，所以有助于宝宝补血。

饮食宜忌： 脾胃虚寒者不宜多吃葡萄，多吃则易泄泻。

选购保存

葡萄产地不同，品种不同，风味、特点也不尽相同。选购时应首先注意观察外观是否新鲜，果实大小适宜且整齐，果梗新鲜牢固，果粒饱满，大小均匀，外有白霜者品质最佳。新鲜的葡萄用手轻轻提起时，果粒牢固，不易脱落。如果葡萄较易脱落，则表明不够新鲜。

葡萄买回家后若一次末吃完，不要冲洗，可直接用碟子装起来，然后用保鲜膜密封，杜绝接触大量空气，以减缓氧化的速度。

香蕉葡萄汁

食材准备

香蕉.............................150克

葡萄.............................100克

制作方法

1 剥去香蕉外皮，把果肉切成小块。

2 取榨汁机，选择搅拌刀座组合，放入洗净的葡萄。

3 再加入香蕉，倒入适量纯净水，榨取果汁。

小贴士

在清洗葡萄时，可以撒点面粉，这样可洗得更干净。

火龙果葡萄泥

食材准备

葡萄..100克

火龙果 300克

制作方法

1 洗好火龙果后切去头尾，去皮，切成小块。

2 取榨汁机，选择搅拌刀座组合，倒入火龙果。

3 再倒入洗净的葡萄，榨取果泥。

 小贴士

葡萄可去籽，成品的口感更佳。

百合葡萄糖水

食材准备

葡萄...100克

鲜百合..80克

冰糖...10克

制作方法

1 洗净的葡萄剥去果皮，待用。

2 砂锅注水烧开，放入洗净的百合、葡萄，盖上盖，煮沸后转小火煮约10分钟，至食材析出营养成分。

3 揭盖，倒入冰糖，搅拌均匀，用大火继续煮一会儿，至冰糖完全溶化即可。

 小贴士

用刀将葡萄的表皮轻轻划几刀，更容易去皮。

321
千卡/100克

蜂蜜

- 别名：石蜜、石饴、食蜜、蜜、白蜜、白沙蜜、蜜糖、蜂糖。
- 性味：性平，味甘。
- 归经：归脾、肺、大肠经。

营养成分

富含葡萄糖、果糖、多种无机盐，含有一定数量的维生素 B_1、维生素 B_2、铁、钙、铜、磷、钾，还含有淀粉酶、脂肪酶、转化酶等。

食用价值

蜂蜜可以增加血液中血红蛋白的含量，用于治疗儿童贫血效果显著。蜂蜜可清热解毒润肺，具有一定的止咳作用，可用于治疗小儿肺炎、久咳。蜂蜜能为肝脏的代谢活动提供能量准备，能刺激肝组织再生，起到修复损伤的作用。蜂蜜可缓解神经紧张，促进睡眠，并有一定的止痛作用。蜂蜜中的葡萄糖、维生素、镁、磷、钙等能够调节神经系统，促进小儿睡眠。蜂蜜中还含有多种酶和矿物质，发生协同作用后，可以提高小儿的免疫力。蜂蜜对胃肠功能有调节作用，小孩容易便秘，适当吃点蜂蜜有助于缓解便秘。

饮食宜忌：1岁以内的婴儿不可食用蜂蜜，以免因肠胃功能较弱、肝脏解毒功能差而引起中毒。

选购保存

挑选蜂蜜时，可用肉眼观看蜂蜜的颜色和光泽，色浅、光亮透明、黏稠适度的为优质蜜；色呈暗褐或黑红、光泽暗淡、蜜液混浊的为劣质品。纯正的蜂蜜有浓厚的天然花蜜的香气；如有异杂气味，就可能是掺伪之品。

蜂蜜放在低温避光处保存即可。但蜂蜜沾水易变质，食用时注意不要拿沾水的勺子接触蜂蜜。

蜂蜜双米粥

食材准备

水发小米 100克

水发大米 100克

红枣 20克

蜂蜜 10克

制作方法

1 锅中注水烧开，倒入洗净的大米、小米和红枣，搅拌均匀，盖上盖，用中火煮40分钟。

2 揭盖，淋入蜂蜜，搅拌均匀即可。

小贴士

红枣可以对半切开后再煮，这样营养成分更易析出。

蜂蜜蛋糕

食材准备

全蛋...3个
蜂蜜...15克
糖粉...10克
低筋面粉..20克

制作方法

1 将全蛋、糖粉及蜂蜜倒入大玻璃碗中，再将大玻璃碗放入装有热水的大盆中，用电动打蛋器搅打至九分发。

2 取出大玻璃碗，筛入低筋面粉，用橡皮刮刀翻拌成无干粉的面糊，制成蛋糕糊。

3 将蛋糕糊倒入铺有油纸的蛋糕模具中，轻轻震几下，排除大气泡，放入已预热至170℃的烤箱中层，烤约12分钟即可。

 小贴士

将面粉过筛再进行搅拌，做出来的蛋糕口感会更细腻。

蜂蜜柚子茶

食材准备

柚子...1个

蜂蜜..50克

冰糖..50克

盐 ....适量

制作方法

1 用食盐擦洗柚子表皮后冲洗干净。剥开柚子，用小刀将柚子的外皮削下来，并切成细丝。取柚子果肉，撕碎。

2 将柚子皮倒入锅中，加入清水，加盐，开大火煮至透明状，捞出。另起锅，将柚子果肉倒入锅中，加入适量清水，煮软后捞出。再将柚子皮倒入锅中，加入适量冰糖、清水，煮至稠状。

3 将煮好的柚子浆、果肉一同装入密封罐，再加入适量蜂蜜，密封后冷藏即可。食用时按需取用。

小贴士

　　剥取柚子外皮时只取外面黄绿色的表层，少带里面的白瓤，否则会很苦，影响成品口感。

105
干卡/100克

银鱼

- 别名：面条鱼、银条鱼、大银鱼。
- 性味：性平，味甘。
- 归经：归脾、胃经。

中医认为，银鱼有润肺止咳、善补脾胃、宜肺、利水的功效，是上等的滋养补品。银鱼具有高钙质、高蛋白、低脂肪的特点，基本没有大鱼刺，十分适宜小孩子食用。且食用银鱼时不去鳍、骨，作为一种整体性食物，营养完全，有利于增强人体免疫功能，延年益寿。银鱼不仅含钙量丰富，还富含维生素D，能够帮助钙吸收，促进身体发育；其所含的磷能促进骨骼生长。银鱼还含有维生素E，能够抗氧化和防癌，延缓衰老，滋润肌肤，调节内分泌等。

饮食宜忌：一般人群均可食用，但皮肤病患者忌食。

选购保存

选购新鲜银鱼时，以外表洁白如银且透明者为佳，体长2.5~4厘米为宜。手从水中操起银鱼后，将鱼放在手指上，鱼体软且下垂，略显挺拔，鱼体无黏液的品质佳。银鱼干品以鱼身干爽、色泽自然明亮者为佳品。需要注意的是，银鱼干的颜色太白并不能证明其质优，有可能是因为掺有荧光剂或漂白剂。

新鲜银鱼建议现买现吃，若一次吃不完，则应用保鲜袋装好，放入冰箱冷冻。银鱼干应用密封袋或密封罐装好，隔绝空气，放在阴凉、通风、干燥处保存，避免阳光暴晒，或放入冰箱冷藏。

营养成分

富含钙质、蛋白质，含有烟酸、维生素D、维生素E以及钾、镁、磷、硒、钠等多种矿物质。

银鱼炒蛋

食材准备

鸡蛋...............................2个

水发银鱼.........................50克

葱花...............................少许

盐、白糖、食用油.........各适量

小贴士

鸡蛋本身具有鲜味,因此没必要再放入鸡粉、味精等提鲜料。

制作方法

1 将鸡蛋打入碗中,加入少许盐、白糖,搅散,放入洗净的银鱼,顺时针方向搅匀,待用。

2 热锅注油,烧至四成热,倒入蛋液,摊匀,铺开,转中小火,炒熟。

3 放入葱花,拌炒均匀即可。

菠菜银鱼面

食材准备

菠菜..50克

鸡蛋..1个

面条...100克

水发银鱼干..................................20克

盐 2克

食用油 4毫升

制作方法

1 将洗净的菠菜切小段，备好的面条折成小段。将鸡蛋打入碗中，搅散，待用。

2 锅中注水烧开，放入少许食用油，加入盐，撒上洗净的银鱼干，煮沸后倒入面条，盖上盖，用中火煮约4分钟，至面条熟软。

3 揭盖，倒入菠菜，搅拌均匀，再煮片刻至面汤沸腾。接着倒入鸡蛋液，边倒边搅拌，使蛋液开花，继续煮片刻至蛋花上浮即可。

 小贴士

事先泡软银鱼干再下锅，可以缩短其烹饪时间。

食材准备

鲜香菇 30克

银鱼.. 50克

蛋清.. 1个

香菜末、姜丝 .... 各少许

盐、料酒、猪骨汁、水淀粉、芝麻油、

食用油 .... 各适量

制作方法

1 将洗净的香菇去蒂，切成细丝。银鱼用少量的料酒拌匀。

2 锅中倒入适量清水，加入少许盐、食用油，拌匀煮沸，放入香菇，焯煮至熟，捞出备用。

3 热锅注油，放入姜丝，煸炒香；淋入少许料酒，注入适量清水，倒入银鱼和香菇，加入盐、猪骨汁，拌匀；煮沸后倒入适量水淀粉，再倒入蛋清，拌匀，淋入少许芝麻油增色，撒上香菜末，拌匀即可。

小贴士

将芝麻油加热后再淋入锅中，香味会更浓，菜品的色泽也会更佳。

96
千卡/100克

泥鳅

- 别名：鳅鱼、黄鳅。
- 性味：性平，味甘。
- 归经：归脾、肝经。

中医学认为，泥鳅味甘、性平，有补中益气、祛邪除湿、养肾生精、祛毒化痔、消渴利尿、保肝护肝之功能。《医学入门》中称它能补中、止泻。泥鳅经过春天的养育，到了夏令初秋时节，肉质最为肥美，并有重要的保健食疗功效，因此民间有"天上的斑鸠，地下的泥鳅"之说。如果孩子有睡熟后出虚汗的情况，给孩子喝泥鳅汤，可具有补气虚、暖脾胃、止虚汗的成效，适合因身体虚弱、脾胃虚寒、营养不良而盗汗的小儿食用，有助于生长发育。泥鳅富含微量元素钙和磷，经常吃泥鳅能够预防小儿软骨病、佝偻病等。泥鳅中含有的矿物质比较多，富含铁元素，对缺铁引发的贫血有很好的辅助治疗效果。

饮食宜忌：一般人皆可食用泥鳅，无特殊禁忌。但对于婴幼儿来说，因其消化功能相对较弱，无法吸收过多营养，因此家长要注意控制好量。

营养成分

含丰富的蛋白质、多种维生素以及钙、镁、磷、铁、钾等多种矿物质。

选购保存

品质好的泥鳅眼睛凸起、澄清有光泽，且活动能力强；口鳃紧闭，鳃片呈鲜红色或红色；鱼皮上有透明黏液，且呈现光泽。劣质的泥鳅眼睛凹陷，鱼皮黏液干涩无光泽。过于肥胖的泥鳅可能使用了激素。

泥鳅属鲜活水产品，建议现吃现买。

泥鳅粥

食材准备

水发大米 150克

泥鳅 100克

姜丝、葱花 ....各少许

盐 2克

小贴士

大米可以先浸泡半小时再煮，这样更易熟软，口感也更佳。

制作方法

1 把泥鳅装入碗中，加入少许盐，注入适量清水，去除黏液，沥干水分。将泥鳅去除头尾，去除内脏和污渍，在清水里洗净，待用。

2 砂锅中注入适量清水烧开，倒入洗净的大米，撒上姜丝，倒入泥鳅，拌匀，盖上盖，煮开后用小火继续煮30分钟至食材熟透。

3 揭盖，加入少许盐，搅拌均匀。盛出煮好的粥，撒上葱花即可。

泥鳅烧香芋

食材准备

芋头	150克
泥鳅	100克
姜片、蒜末、葱段	各少许
盐	2克
生粉、生抽、食用油	各适量

制作方法

1 洗净去皮的芋头切成小丁。洗好的
泥鳅处理干净，装入盘中，倒入适
量生抽，撒上生粉，拌匀，腌约10
分钟。

2 热锅注油，烧至四五成热，倒入芋
头，拌匀，用小火炸约1分钟，至
六七成熟，捞出，沥干油，待用。
再把泥鳅放入油锅，用中火炸至焦
脆，捞出，沥干油，待用。

3 锅底留油烧热，倒入姜片、蒜末、
葱段，爆香；倒入少许温水，加入
少许生抽、盐，用大火煮至汤汁沸
腾；再倒入芋头，盖上盖，转中火
煮约5分钟。揭盖，倒入炸好的泥
鳅，拌炒片刻，至其入味即可。

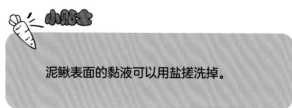

泥鳅表面的黏液可以用盐搓洗掉。

花生瘦肉泥鳅汤

食材准备

花生	50克
猪瘦肉	150克
泥鳅	100克
姜片	少许
盐、胡椒粉	各2克

制作方法

1. 将处理好的猪瘦肉切成块，放入烧开的锅中，汆煮去血水杂质，捞出，沥干水分待用。

2. 砂锅中注水烧开，倒入猪瘦肉、花生、姜片，搅拌片刻，盖上盖，烧开后转小火继续煮1小时。

3. 揭盖，倒入处理干净的泥鳅，加入少许盐、胡椒粉，搅匀调味，再继续煮5分钟，使食材入味即可。

小贴士

花生可以过油后再煮，这样汤的口感会更好。

84
千卡/100克

猪肺

- 性味：性平，味甘。
- 归经：归肺经。

中医认为，以脏补脏是对人体进行保养的一个有效途径，多吃猪肺能够有效预防和治疗肺虚咳嗽、上痰咯血等。猪肺含有丰富的营养成分，具有补虚损、健脾胃的功效，用于治虚劳羸弱、泄泻、下痢、消渴、小便频数、小儿疳积等症，适于气血虚损、身体瘦弱者食用。在李时珍的《本草纲目》中已有猪肺的药用记载。秋天，天气干燥，人很容易上火，这时候多吃一点猪肺可以去除因秋燥引起的肺部上火。

饮食宜忌：便秘、有痔疮者不宜多食猪肺。

选购保存

挑选猪肺时，应选择表面色泽粉红、光洁、均匀、富有弹性的；变质猪肺呈褐绿或灰白色，有异味，不能食用。如有水肿、气肿、结节以及脓样块结等外表异常的猪肺也不能食用。

猪肺买回家若一次吃不完，可放入冰箱冷冻保存，但时间不宜太久。储存时间越长，细菌繁殖越多，食物越不新鲜，口感也会下降。

营养成分

含有人体所需的大量营养成分，包括蛋白质、脂肪、钙、磷、铁、烟酸以及维生素B_1、维生素B_2等。

杏仁猪肺粥

食材准备

猪肺.............................150克

北杏仁...........................5克

水发大米.......................100克

姜片、葱花...................各少许

盐.................................2克

芝麻油.........................2毫升

料酒...........................3毫升

制作方法

1. 将洗净的猪肺切成小块，放入清水中，加入少许盐，抓洗干净。将猪肺放入加有料酒的沸水锅中汆烫片刻，捞出待用。

2. 砂锅中注水烧开，放入洗好的北杏仁、大米，拌匀，盖上盖，烧开后用小火煮30分钟，至大米熟软。揭盖，倒入猪肺，放入少许姜片，拌匀，盖上盖，用小火继续煮20分钟，至食材熟透。揭盖，加入盐，搅匀调味。

3. 淋入芝麻油，放入少许葱花，搅拌均匀即可。

罗汉果杏仁猪肺汤

食材准备

罗汉果 5克

南杏仁 15克

生姜 2片

猪肺 250克

料酒 10毫升

盐 2克

制作方法

1. 将处理干净的猪肺切成小块，放入开水锅中，汆去血水和污渍，捞出，沥干水分，装入碗中，倒入适量清水，清洗干净。

2. 砂锅中注水烧开，放入罗汉果、姜片，倒入猪肺，淋入适量料酒，盖上盖，烧开后用小火炖1小时至食材熟透。

3. 揭盖，放入少许盐，搅拌片刻，至食材入味即可。

 小贴士

　　猪肺中有很多气管，汆煮的时间要适当长一些，才能有效去除隐藏在里面的杂质。

Chapter **3**

秋高气爽，
小儿养肺要牢记

清肺润燥不干咳

相信不少家长听说过这样一句话："小孩咳嗽老不好多半是肺热"。这句话不无道理。秋天气候干燥，昼夜温差大，一半以上的孩子生病是感冒发烧，而咳嗽则是秋季发生频率最高的儿童病症之一。咳嗽分为热咳和寒咳两种：热咳是由肺热造成的反复咳嗽，表现为喉咙干痒、干咳少痰或痰色黄质黏稠；寒咳多由受寒引起，表现为咽痒咳频，痰液稀薄如泡沫状。宝宝干咳就是热咳的一种。除了气温变化大、室内空气不流通等，肺热也是干咳的"元凶"之一。

关于孩子咳嗽的治疗，家长普遍存在一个误区，急于止咳。自己到药店买一堆止咳糖浆等，孩子喝完后病不仅不见好，反而可能更严重。所以在处理孩子咳嗽的问题上，家长不要着急止咳。咳嗽就像发烧，是一种自我防御反应。如果孩子咳嗽，说明他的身体有将细菌或者不好的东西排除出体外的能力，同时防止异物或不好的东西由口鼻进入下呼吸道。治疗咳嗽，查明是什么原因让孩子咳嗽才是最重要的。所以，孩子干咳时，清肺润燥是关键。

现代医学并没有"润肺""清肺"的概念，这里的"润"通俗理解为"滋润"。中医认为，肺乃娇脏，润肺有助于肺部的保健；而中医上"清肺"也不是"清理肺部"的意思，其意思是滋养阴液，清除肺热、肺火。

家长应多从饮食方面着手，给孩子吃些清肺润燥的食物，以预防和缓解干咳，可选择木耳、胡萝卜、葡萄、百合、炒杏仁、白果、核桃仁、芦笋、罗汉果、枇杷、梨、木耳、豆浆、蜂蜜等。

在饮食上，清肺润肺应以清淡为主，可补充维生素C、维生素B$_2$。可多吃柑橘、草莓、猕猴桃、柠檬、番茄、胡萝卜、蛋黄、动物肝脏、香菇、猪瘦肉、新鲜蔬菜等。虾、蟹、冰冻海鱼等虽含大分子蛋白，容易导致过敏，不宜多吃，但如果对这些食物不过敏，也无须太忌口。

核桃豆浆

食材准备

水发黄豆 100克
核桃仁 50克
白糖 10克

小贴士

榨好豆汁后若不立即食用，建议用保鲜膜封上，以免味道变酸。

制作方法

1 取榨汁机，选择搅拌刀座组合，倒入洗净的黄豆，注入适量清水，选择"榨汁"功能，搅拌一会儿，至黄豆成细末状，滤取豆汁待用。

2 再将核桃仁放入榨汁机中，倒入榨好的豆汁，选择"榨汁"功能，搅拌至核桃仁呈碎末状即成生豆浆。

3 砂锅置火上，倒入生豆浆，用大火煮5分钟，至汁水沸腾，掠去浮沫，再加入适量白糖，搅拌均匀，用中火继续煮片刻，至白糖溶化即可。

罗汉果银耳炖雪梨

食材准备

罗汉果 5克

雪梨...............................100克

枸杞...............................10克

水发银耳 150克

冰糖...............................10克

制作方法

1 将洗好的银耳切小块；将洗净的雪
   梨切块，去核，去皮，再切成丁。

2 砂锅注水烧开，放入洗好的枸杞、
   罗汉果，倒入切好的雪梨、银耳，
   盖上盖，烧开后用小火炖20分钟，
   至食材熟透。

3 揭盖，加入冰糖，拌匀，略煮片刻
   至冰糖溶化。

 小贴士

罗汉果本身有甜味，可以少放些冰糖。

川贝杏仁粥

食材准备

水发大米 100克

南杏仁 10克

川贝母 ....少许

制作方法

1 砂锅中注入适量清水烧热，倒入洗净的杏仁、川贝母，盖上盖，用中火煮约10分钟。

2 揭开盖，倒入大米，拌匀。

3 盖上盖，烧开后用小火煮约30分钟至食材熟透即可。

 小贴士

　　杏仁可用温水浸泡后再煮，这样更方便其析出营养成分。

川贝枇杷雪梨糖水

食材准备

雪梨......................................50克

枇杷......................................25克

川贝..2克

冰糖......................................10克

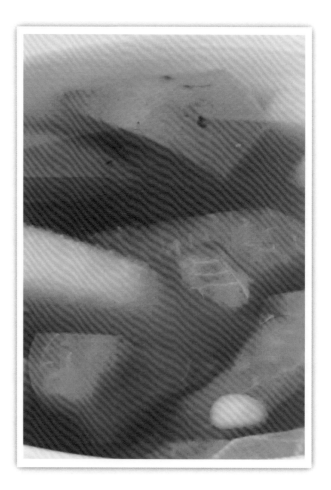

制作方法

1. 将洗净的枇杷切开，去籽，再切成
   小块；将洗净的雪梨切开，去核，
   削去表皮，再把果肉切成小块；把
   切好的食材浸入清水中，待用。

2. 锅中注入约600毫升清水烧热，倒
   入洗净的川贝，盖上盖，煮沸后小
   火煮约20分钟至川贝熟软。

3. 揭盖，加入冰糖，依次倒入雪梨、
   枇杷，搅拌匀，再盖上盖，煮约3
   分钟至冰糖完全溶化即可。

 小贴士

　　如果想用此糖水辅助治疗热症，可使用冰糖；若
要辅助治疗寒症，则要换成温热性质的红糖。

食材准备

鸡蛋..100克

熟白果 25克

盐 2克

制作方法

1 把鸡蛋打入碗中，倒入100毫升水，打散。

2 加入盐、熟白果，搅拌均匀，封上保鲜膜。

3 蒸锅上火烧开，放入鸡蛋液，蒸10分钟至熟即可。

如果担心保鲜膜不卫生，也可以用一个盘子盖住装有蛋液的碗再蒸。

宣肺解表防感冒

感冒为多发病，其发病之广、个体重复发病率之高，是其他任何疾病无法相比的。虽然轻微的感冒可不药而愈，重感冒却会影响到工作和生活，对于小儿、老年体弱者甚至可危及生命。在流感暴发时，迅速传播，感染者众多，症状严重，甚至会导致死亡。故感冒不可忽视，须积极防治。

很多家长不明白，每年一入秋孩子就会生病感冒。这是为什么呢？"一场秋雨一场寒"，秋季天气多变，忽晴忽雨。而且早、中、晚及室内外温差很大，所以秋季是最容易感冒的季节。主要是由于温差过大，导致人体的免疫系统感应功能下降，对于外界的防御机制变差，病毒却没有减少，所以它们会趁机侵入人的身体，使人患上感冒。对于抵抗力本来就比成年人差的孩子来说，更容易感冒发烧。

秋冬之际最常见的是风寒感冒，一般是触冒风邪，并与当令之燥气结合所致的外感疾病，主要临床表现为鼻咽口唇干燥、鼻塞、流涕、喷嚏、干咳少痰、头痛、恶寒、发热等。中医认为，风寒感冒多因感受外邪、肺卫功能失调、卫表不和、肺失宣肃，

治疗以解表宣肺为原则。因此，家长应帮助孩子通过宣通肺气来预防感冒。

在饮食方面，宜以清淡为主，多吃绿叶蔬菜，不宜吃高糖高盐的食物。对于体质较差、抵抗力比较差的孩子来说，更需要家长的悉心照顾，一定要注意一日三餐，早餐尤为重要，可多给孩子吃蔬菜、水果以及蛋白质含量丰富的肉类等，补充身体所需的各类营养，增强孩子的抵抗力。

中医认为，秋季肺气当值，因此宜吃宣肺的食物，白色的食物可以宣肺，如白菊花、银耳、莲子、薏米、白萝卜、白菜、高丽菜、花椰菜、洋菇、银耳、甘蔗、梨等。忌吃寒凉、油炸食物以及鱼虾等海产品。

食材准备

白萝卜 100克

制作方法

1 将洗净去皮的白萝卜切成小块, 待用。

2 取榨汁机, 选择搅拌刀座组合, 倒入白萝卜。

3 再注入适量纯净水, 榨取白萝卜汁。

小贴士

对于肠胃功能较弱的宝宝, 建议将榨好的白萝卜汁加热煮开后再喝。体寒着不适宜饮用。

秋高气爽, 小儿养肺要牢记

145

肉末花菜泥

食材准备

土豆...150克

花菜...100克

猪肉末 50克

鸡蛋...1个

盐 ....少许

料酒...2毫升

食用油 ....适量

制作方法

1 将去皮洗净的土豆切成条，洗净的花菜切碎，分别装入碗中。另取一小碗，打入鸡蛋，取蛋黄备用。

2 用油起锅，倒入猪肉末，翻炒至转色，淋入适量料酒，炒香，倒入蛋黄，快速拌炒至熟，盛出待用。

3 蒸锅上火烧开，放入土豆、花菜，盖上盖，用中火蒸15分钟至食材完全熟透。将蒸好的土豆倒入大碗中，用勺子压成泥，加入熟花菜末，放入少许盐，再加入炒好的蛋黄猪肉末，快速搅拌均匀即可。

 小贴士

猪肉末中可加入少量蛋清拌匀，腌一会儿再与蛋黄同炒，口感更细腻。

146

白果薏米粥

食材准备

水发薏米 50克

水发大米 100克

白果 30克

枸杞 5克

盐 2克

制作方法

1 砂锅中注水烧开，倒入薏米、大米，拌匀，盖上盖，烧开后用小火煮约30分钟至食材熟软。

2 揭开盖，放入白果、枸杞，拌匀，再盖上盖，用小火继续煮10分钟至其熟软。

3 揭盖，加入盐，搅拌至入味即可。

 小贴士

薏米应提前浸泡好，这样可以节省煮粥的时间。

银耳雪梨白萝卜甜汤

食材准备

水发银耳 100克

雪梨 50克

白萝卜 50克

冰糖 10克

制作方法

1　将去皮洗净的雪梨切瓣，去核，再切成小块；将去皮洗净的白萝卜切成条，改切成粒；将洗净的银耳切去黄色根部，再切成小块。

2　锅中注水烧开，放入切好的白萝卜、雪梨、银耳，拌匀，盖上盖；烧开后转小火炖30分钟，至食材熟软。

3　揭盖，放入冰糖，搅拌均匀，再继续煮5分钟，至冰糖溶化即可。

小贴士

　　雪梨不宜煮得太软太烂，否则影响口感。体寒者不宜用。

薏米白菜汤

食材准备

白菜	60克
薏米	40克
生姜	少许
盐	2克
食用油	少许

制作方法

1 将洗好的白菜切去根部，切成丝，待用。薏米提前泡发，生姜切成丝。

2 锅中注入适量清水烧开，放入切好的姜丝，倒入少许食用油，再倒入泡发好的薏米，拌匀，盖上盖，烧开后用小火煮约30分钟。

3 揭开盖，放入白菜丝，拌匀，再盖上盖，用小火煮约6分钟，最后加入盐拌匀即可。

扫一扫
美味跟着学

 小贴士

白菜不宜煮太久，以免影响口感。

养肺补肾除哮喘

哮喘是常见的儿科呼吸道疾病之一，是一种慢性气道持续的炎症性疾病，在临床上主要表现为反复可逆性的喘息和咳嗽、胸闷、呼吸困难。儿童的呼吸道黏膜发育尚不完善，免疫力也较低，对外界气温的突变适应能力较差，所以比较容易出现咳嗽、支气管炎、哮喘等呼吸道疾病。每到换季的时节，哮喘患儿就会很多，这与昼夜温差较大、季节交替变换有关。儿童哮喘病若不积极治疗，不仅会影响其身体发育，还有50%的可能会迁延至成年。秋季哮喘，尤其是小儿哮喘，关键在预防。由于小儿体质较弱，一旦环境出现剧烈变化，就容易伤风感冒，从而引发哮喘。

中医认为，气喘病在肺，还会波及肾、肝、脾。治疗气喘，养肺只是隔靴搔痒，效果不大。要想止喘，必须对症下药！肺主呼吸，肾主纳气。肺管呼吸，肺吸进去的气是表浅的，肾的收纳作用可以让气收得比较深。如果肾的收纳功能受损，气就会吸得比较浅，吸进体内的气还会上逆，造成气喘。气喘的患者首先会影响肺，时间长了，还会影响到肾，所以要想止喘，既要养肺，还要补肾。

秋季天气逐渐变冷，早晚温差大，患儿家长首先要根据气候的变化，及时给小儿增减衣服，夜间盖好被子，防止受凉感冒，并在饮食方面多加注意。中医认为，肺部属金，所以秋天是一个非常好的补肾养肺的季节。饮食方面宜清淡，并补充充足的蛋白质和铁，应多食猪瘦肉、动物肝脏、豆腐、豆浆等。多食新鲜蔬菜和水果，多吃银耳、核桃、莲藕、沙参以及西红柿等。

白果具有很好的滋润皮肤以及治疗哮喘的作用；柿子具有很好的止血通便以及治疗咽喉痛的作用，是中医补肾养肺非常有效的食材，可以适量食用。马蹄、白萝卜、核桃肉、红枣、芡实、莲子、山药等具有健脾化痰、益肾养肺之功效，对防止哮喘发作有一定作用。

山药粥

食材准备

大米..............................100克

山药..............................50克

枸杞..............................5克

制作方法

1 将洗净去皮的山药切成小丁，待用。

2 锅中注水烧开，倒入洗净的大米、山药，搅拌均匀，盖上盖，大火烧开后转小火继续煮40分钟。

3 揭盖，搅拌片刻。

4 将煮好的粥盛入碗中，点缀上洗净的枸杞即可。

 小贴士

　　山药皮中的皂角素会刺激皮肤发痒，因此削过山药皮后应立即洗手，且应多洗几遍。

木耳红枣莲子粥

水发木耳 100克

红枣 5个

水发大米 100克

水发莲子 50克

盐 2克

制作方法

1 砂锅中注水烧开，倒入洗好的大米、莲子、木耳、红枣，搅拌均匀，盖上盖，煮开后转小火煮40分钟。

2 揭盖，加入盐，搅匀调味即可。

 小贴士

泡发好的木耳最好用流动的水冲洗，这样洗得更干净。

152

银耳核桃蒸鹌鹑蛋

食材准备

水发银耳 150克

核桃仁 25克

熟鹌鹑蛋 10颗

冰糖 10克

制作方法

1 将泡发好的银耳切去黄色根部，再切成小朵；用刀背将核桃仁拍碎。

2 备好蒸盘，摆入银耳、核桃碎，再放上熟鹌鹑蛋、冰糖，待用。

3 蒸锅上火烧开，放入蒸盘，蒸20分钟至食材熟透即可。

小贴士

银耳用温水泡发，可以缩短泡发时间。

滋养肺阴皮肤嫩

秋冬季节，皮肤会因为受到寒风冷气和室内暖气的交替影响，使微血管收缩，养分不能充分输送到皮肤；同时，汗腺和皮脂腺的功能减弱，分泌减少，皮肤因缺乏滋养而变得粗糙、干燥。幼儿的皮肤比成年人更娇嫩，秋冬季节，家长更要注意宝宝皮肤的保养。

若想宝宝的皮肤光嫩，须做好肺的养护。为什么这么说呢？中医认为："肺主皮毛。"肺主宣发，司腠理的开合，皮毛上汗孔散气和汗液排泄亦由肺调节，故称肺主皮毛。肺之精气具有润泽皮毛、固护肌表的作用。皮肤需要肺的精气以滋养和温煦，皮毛的散气与汗孔的开合也与肺之宣发功能密切相关。肺养好了，自然面色红润、皮肤细腻、光彩照人；反之，则会使人面容憔悴、黯淡无光、缺乏青春活力。肺是给皮毛运送营养的器官，肺部功能不好会直接导致各种皮肤问题，如皮肤粗糙、毛孔大、没光泽等。这就是养颜要先养肺的原因。

那么，家长如何做才能达到滋养肺阴的效果呢？

首先，可以从饮食上多加调理。按照中医五色入五脏的原理，白色食物有很好的滋阴润肺效果。梨、银耳、莲子、山药、白果、豆腐、豆浆、白萝卜等对养护肺脏很有好处。也可以多给孩子吃一些甘淡质脆的食物，如百合、鲜藕、海蜇、柿饼等；还可以在做粥时加入一些清肺养阴的中药，如麦门冬、天门冬、沙参、玉竹等。其次，养肺要注重补水。肺为娇藏，最容易遭受燥邪侵袭而发病，因此，及时补充水分非常重要。

平时，家长要告诉孩子注意挺胸抬头，或多做一些扩胸运动，充分打开肺气。除了饮食和运动外，还应保持积极乐观的心情。因为肺主悲忧，如果心情过于悲观，可能导致肺气郁滞，进一步伤害肺脏的正气，从而引起肺气不足。

白萝卜稀粥

食材准备

白萝卜 80克
大米...100克

制作方法

1 将洗净去皮的白萝卜切成片，再切成条，再切成粒。

2 锅中注入适量清水烧开，放入泡发好的大米，搅拌均匀，盖上盖，用大火煮开后转小火，继续煮30分钟至米粒熟软。

3 揭盖，加入白萝卜碎，搅拌均匀。再次盖上盖，用小火续煮约10分钟。

4 关火，将煮好的粥盛入碗中即可。

扫一扫
美味跟着学

 小贴士

对白萝卜过敏及体寒明显的宝宝慎食。

豆腐狮子头

老豆腐 150克

虾仁末 60克

猪肉末 100克

鸡蛋 1个

去皮马蹄、木耳碎..................各40克

生粉 20克

葱花、姜末......................... 各少许

盐 2克

料酒、芝麻油 ....各适量

制作方法

1　将马蹄肉切碎，待用。

2　将洗净的老豆腐装碗，用筷子夹碎，加入马蹄碎，倒入虾仁末、猪肉末、木耳碎、姜末、葱花。鸡蛋打散，倒入上述食材中，加入1克盐，放入料酒，沿同一个方向拌匀。再倒入生粉，搅拌均匀成馅料。用手取适量馅料挤出丸子状。

3　锅中注水烧开，放入挤好的丸子，煮约3分钟，撇去浮沫，加入2克盐。关火后淋入芝麻油，搅匀即可。

小贴士

对于稍大点的儿童，可以再加入一些胡椒粉、五香粉等调味料，味道更佳。